核电厂中俄人员交流常用语手册

КИТАЙСКО-РУССКИЙ
РАЗГОВОРНИК для АЭС

主　编　顾颖宾

副主编　李玉东　张　毅　陈　刚

中国原子能出版社

图书在版编目(CIP)数据

核电厂中俄人员交流常用语手册 / 顾颖宾主编.
—北京:中国原子能出版社,2016.3
ISBN 978-7-5022-7139-8

Ⅰ.①核… Ⅱ.①顾… Ⅲ.①核电厂－俄语－手册
Ⅳ.①H35-62

中国版本图书馆 CIP 数据核字(2016)第 042658 号

核电厂中俄人员交流常用语手册

出版发行	中国原子能出版社(北京市海淀区阜成路43号 100048)
责任编辑	左浚茹
装帧设计	马世玉
责任校对	冯莲凤
责任印制	丁怀兰
印　　刷	保定市中画美凯印刷有限公司
经　　销	全国新华书店
开　　本	787mm×1092mm 1/16
印　　张	7.75
字　　数	190 千字
版　　次	2016 年 6 月第 1 版 2016 年 6 月第 1 次印刷
书　　号	ISBN 978-7-5022-7139-8　　　**定　价　40.00 元**

网址:http://www.aep.com.cn　　　　E-mail:atomep123@126.com
发行电话:010-68452845　　　　　　版权所有　侵权必究

中国核工业集团公司
核电培训教材编审委员会

《核电厂中俄人员交流常用语手册》
编　辑　部

主　编　顾颖宾

副主编　李玉东　张　毅　陈　刚

编　写　李玉东

校　对　吕春杉

审　核　张　毅　陈　刚

总　序

　　核工业作为国家高科技战略性产业,是国家安全的重要基石、重要的清洁能源供应,以及综合国力和大国地位的重要标志。

　　1978 年以来,我国核工业第二次创业。中国核工业集团公司走出了一条以我为主,发展民族核电的成功道路。在长期的核电设计、建造、运行和管理过程中,积累了丰富的实践和理论经验,在与国际同行合作过程中,实现了技术和管理与国际先进水平相接轨,取得了骄人的业绩。

　　中国核工业集团公司在三十多年的核电建设中,经历了起步、小批量建设、快速发展三个阶段。我国先后建成了秦山、大亚湾、田湾三大核电基地,实现了我国大陆核电"零"的突破、国产化的重大跨越、核电管理与国际接轨,走出了一条以我为主,发展民族核电的成功之路。在最近几年中,发展尤为迅猛。截至2008 年年底,核电运行机组 11 台,装机容量 907.82 万千瓦,全部稳定运行,态势良好。

　　进入 21 世纪,党中央、国务院和中央军委对核工业发展高度重视、极为关怀,对核工业做出了新的战略决策。胡锦涛总书记指出:"无论从促进经济社会发展看,还是从保障国家安全看,我们都必须切实把我国核事业发展好"。发展核电是优化能源结构、保障能源安全、满足经济社会发展需求的重要途径。2007 年 10 月,国务院正式颁布了《核电中长期发展规划(2005—2020 年)》。核电进入了快速、规模化、跨越式发展的新阶段。

　　在中国核电大发展之际,中国核工业集团公司继续以"核安全是核工业的生命线"的核安全文化理念和"透明、坦诚和开放"的企业管理心态,以推动核电又好又快又安全发展为己任,为加速培养核电发展所需的各类人才,组织核电领域专家,全面系统地对核电设计、工程建造、电站调试、生产准备和生产运营等各阶段的知识进行了梳理,构造了有逻辑性、系统性的核电知识体系,形成了覆盖核电各阶段的核电工程培训系列教材。

这套教材作为培养核电人才的重要工具，是国内目前第一套专业化、体系化、公开出版的核电人才培养系列教材，有助于开展培训工作，提高培训质量、节约培训成本，夯实核电发展基础。它集中了全集团的优势，突出高起点、实用性强，是集团化、专业化运作的又一次实践，是中国核工业 50 余年知识管理的积淀，是中国核工业 10 万人多年总结和实践经验的结晶。

21 世纪是"以人为本"的知识经济时代，拥有足够的优秀人才是企业持续发展的重要基础。中国核工业集团公司愿以这套教材为核电发展开路，为业界理论探讨、实践交流提供参考。

我们要继续以科学发展观为指导，认真贯彻落实党中央、国务院的指示精神，积极推进核电产业发展。特别是要把总结核电建设经验作为一项长期的工作来抓，不断更新和完善人才教育培训体系。

核电培训系列教材可广泛用于核电厂人员培训，也可用于核电管理者的学习工具书，对于有针对性地解决核电厂生产实践和管理问题具有重要的参考价值。

中国核工业集团公司总经理

2009 年 9 月 9 日

序

在对俄核能领域务实合作进一步推动之际，非常欣喜地看到江苏核电《核电厂俄汉—汉俄基础词汇》、《核能专业俄语读本》和《核电厂中俄人员交流常用语》三本核电俄语系列读物的出版。这是被誉为"中俄核能合作标志性工程"的江苏核电所取得的又一成果，是助推中俄合作"亚太节奏"的又一正能量。事虽小，然力无穷。致力于提供安全清洁高效能源的江苏核电，其一期工程1、2号机组和二期工程3、4号机组被誉为中俄核能合作的标志性工程，是中国核电以"中核梦"助推"中国梦"建设美丽中国的重要组成部分。

党的十八大报告提出，建设生态文明，是关系人民福祉、关乎民族未来的长远大计。核电作为一种安全、清洁、高效的能源，是调整能源结构、建设资源节约型、环境友好型社会的重要措施之一，越来越受到我国政府和广大公众的重视和关注，迎来了良好的发展机遇。中国核电人经过坚持不懈的努力，提出了"做强做优、和谐发展，成为最具魅力国际一流的核能企业"的愿景目标。我们紧紧围绕中国核电战略发展规划，始终秉承"事业高于一切、责任重于一切、严细融入一切、进取成就一切"的核工业精神，立足安全、运行、管理、新项目开发、科技、人才、文化等重点领域，全力打造中国核电品牌。

"科技兴核、人才强企"。国家引进国外先进核电技术的目的是掌握技术精髓并逐步实现领先超越。这些重任就落在我们每一位中国核电人的肩上。于希望处梦想，在追寻中耕耘。作为项目业主单位，江苏核电以"建设一流核电基地，打造一流员工队伍"的企业目标为指引，始终高度重视技术引进吸收和创新工作，通过中俄国际科技合作基地等科研平台，坚持"产、学、研"结合，培育了卓越的创新团队，确保1、2号机组保持安全稳定高效运行，实现了3、4号机组工程建设等各项指标受控。

2013年以来，为了加速核电"复合型人才"培养进程，江苏核电正确决策，选派63名技术骨干赴专业外语学校参加俄语培训学习，并组织有实践经验的同志根据现场各专业实际需求编写了这三本读物。这些书籍，是江苏核电的同志们在积累长期中俄核电合作经验基础上，结合俄罗斯核电技术特点编制而成，针对性和实用性都很强。在当前中俄两国进一步深化核能领域战略合作之际，希望这些实用性的专业俄语学习书籍能为中国核电"复合型人才"培养提供有益帮助和借鉴，并为打造专业过硬的对俄合作队伍作出新的更大的贡献。

"凿井者，起于三寸之坎，以就万仞之深。"希望我们江苏核电的每位同志，乃至于我们整个中国核电的所有同志，能够勤学笃实、真抓实干、开拓进取，在中国核电事业安全高效发展的进程中不断追求卓越、挑战自我，用我们每个核电人的梦想凝聚起实现民族复兴的正能量。

中国核能电力股份有限公司党委书记、副总经理

2014 年 11 月

前　言

中俄核能领域合作方兴未艾,随着中俄战略合作伙伴关系不断深化,核能合作范围持续扩大,中俄两国政府制订了核能电厂、快堆、浮动堆、空间堆、燃料循环、第三国合作建设核电厂的一揽子合作计划。

在两国核能技术合作过程中,俄语不仅是俄方技术文件的重要载体,也是中俄技术人员沟通交流的主要语言。学好俄语能够帮助中方人员深入了解俄方的先进技术,增强自身的科技实力,有助于我国核能发展战略的全面实现。中俄核能合作事业的发展与中方技术能力的提升和俄语水平的提升密切相关。在引进外国技术的前提下,掌握外语是提升专业能力,胜出对手的必要途径。

田湾核电厂作为中俄两国核能领域高科技合作项目,是中俄核能合作的标志性工程。经过多年的建设和运行,积累了丰富的对俄合作经验。其中,"专业人才外语化"是田湾核电厂一项良好实践。田湾核电厂一期工程培养了一批懂外语、懂技术的高端人才,为掌握俄方技术,学习外部经验,确保公司管理先进、技术领先和机组安全可靠运行作出了巨大贡献。随着二期项目的全面展开和后续其他核能项目的开展,需要培养更多熟练掌握俄语的专业人才。

俄语学习,入门是关键。编者结合各专业工作实际,选编了核电厂各专业中俄交流常用语句,约1 500句,并统计整理了100多个最常用单词,帮助各专业人员提高外语交流能力和工作效率,为中国核电"走出去"战略提供强力支持。

本书注重核电专业口语化交流,可用作核电厂专业俄语口语教学教材和参考书。作为核电专业交流实战外语读物,本书也适用于核专业院校师生、核能行业专业技术人员及翻译人员学习阅读。

俄语水平的提高是一个长期积累的过程,由于编者水平和技术专业所限,书中难免存在一些问题和失误。欢迎各位读者在使用过程中及时反馈和提出好的建议,以便后续进行修订完善。

在本书编制过程中得到了中方各专业处室和中俄技术人员的大力支持,特此表示感谢。

目　　录

电厂通用语
Общеупотребительные производственные фразы

1. 您好！我的朋友！

   Здравствуйте! Мой друг!

2. 欢迎您到田湾来!

   Приветствую Вас на ТАЭС!

3. 很高兴见到您!

   Очень рад Вас видеть!

4. 好久不见!

   Давно Вас не видели!

5. 一切都还好吗，身体怎么样？家里怎么样？

   Как дела? Как здоровье? Как дома?

6. 有时间我们好好坐一坐，聊一聊!

   Когда будешь свободен, посидим, поговорим!

7. 非常感谢您作出的大量工作（支持）!

   Благодарю Вас за большую работу (поддержку)!

8. 和您一起工作很愉快!

   Очень приятно было с Вами работать!

9. 很遗憾您要回去了。

   Очень жаль, что Вы уезжаете.

10. 我想，我们很快会见面的!

    Надеюсь, скоро увидимся!

11. 再见!

    До свидания!

12. 祝您一路顺风!

    Счастливого пути!

13. 如有问题可随时找我。

Если возникнут вопросы, обращайтесь в любое время.

14. 您是真正的朋友！

Вы - настоящий товарищ!

15. 您辛苦了！

Вы заработались!

16. 我们是一个团队。

Мы - одна команда.

17. 您在这里做了大量工作。

Вы здесь много для нас сделали.

18. 保持联系。

Будем поддерживать связь.

19. 写信！电话联系！

Пишите! Звоните!

20. 明天可以不用来，休息一下吧。

Завтра можете не приходить, отыхайте.

21. 不明白，一块找翻译吧！

Не понимаю, подойдем к переводчику!

22. 车已经给您准备好了。

Вам уже заказали машину.

23. 该吃午饭（晚饭）了。

Пора на обед (ужин).

24. 该下班了。

Пора домой.

25. 出什么事了？

Что случилось?

26. 今晚我们一起坐一坐，我请您！

Сегодня вечером вместе посидим, я Вас угощаю!

27. 今天 10 点在 120 会议室开会。

Сегодня в 10 часов, будет совещание в помещении №120.

28. 这一文件需要您的签字。

Вам надо подписать.

29. 您的考勤表已经签字了。

Ваш табель уже подписали.

30. 如有问题，请及时通知！

Если возникнет вопрос, прошу своевременно сообщить!

31. 如有疑问，需要暂停工作，不要冒险。

Если есть самнение, необходимо приостановить работу, нельзя рисковать.

32. 我们一块去现场！

Вместе сходим на блок!

33. 开工前需要召开工前会。

До начала работы надо провести технический инструктаж.

34. 我们需要讨论这一问题并确定技术方案。

Нам надо обсудить вопрос и принять техническое решение.

35. 需要尽快和厂家（设计院）联系。

Надо как можно быстрее связаться с заводом (институтом).

36. 我们在等你们的技术方案，需要尽快提供。

Мы ждем от Вас технического решения, надо как можно быстрее его предоставить.

37. 技术方案中有些问题需要向您确认。

В техрешении есть некоторые вопросы, надо уточноить у Вас.

38. 这一技术方案是不能接受的。

Это техническое решение мы не сможем принять.

39. 在你们电厂是否出现过类似的问题？

На ваших станциях были подобные замечания?

40. 我们一起倒班。

Мы с Вами работаем по сменам.

41. 工作效率太低，需要加快进度。

Эффективность работы низкая, необходимо активизировать работы.

42. 我们已经写信了，但是还没有收到回复。

Мы уже писали письмо, но еще не получили ответ.

43. 我们需要 24 h 连续作业。

Необходимо работать круглосуточно.

44. 您怎么看？

Как Вы считаете?

45. 您是一位很有责任心的专家。

Вы - очень ответственный специалист.

46. 我同意您的看法（方案）。

Я согласен с Вами.

47. 我需要问您几个问题。

У меня к Вам вопросы.

48. 没问题。

Нет проблемы.

49. 我们要做什么？怎么办？

Что будем делать? Как делать?

50. 您的建议很好，我们就这么做。

Ваше предложение хорошее и мы будем так делать.

51. 这个在会议纪要（程序）中已规定。

Это уже однозначно указано в протоколе совещании (процедуре).

52. 检查（了）会议纪要（××文件）的执行情况。

Проверяем (проверили) состояние выполения протокола совещания (××
документации).

53. 工作需按程序执行。

Выполнять работу необходимо по процедуре.

54. 您的做法是不对的。

Ваш подход к решению вопроса - не правильный.

55. 您表现得非常好！

Вы очень хорошо себя показали! Молодцы!

56. 这个方案不现实。

Это не реальный вариант.

57. 这个问题我解决不了，需要找领导解决。

Этот вопрос я не смогу решить, надо обратиться к руководителю.

58. 问题已经解决，您的（我们的）判断是正确的。

Вопрос решен, Ваше (наше) мнение (предложение) принимается.

59. 问题原因还没有查清。

Причина замечания еще не выявлена.

60. 这个我（不）知道。

Это я (не) знаю.

61. 我（不）明白。

Я (не) понимаю.

62. 这个需要/这个不需要。

Это надо/Это не надо.

63. 这个可以长期保存。

Это можно сохранить надолго.

64. 这不是我们的工作，这个我没有权力。

Это не мая работа, это не моя компетенция.

65. 我不能签字，没有授权。

Я не могу подписать, нет полномочий.

66. 明天需要来上班。

Завтра надо приехать на работу.

67. 有些问题我们需要讨论一下。

Нам надо обсудить некоторые вопросы.

68. 这是你们的义务。

Это Ваша обязанность (Вы обязаны).

69. 关于这一事情，我们已经发文给你们（ASE，彼得堡院，水压级设计院，库院，厂家）。

Об этом мы уже писали Вам (АСЭ, СПбАЭП, ОКБ ГП, КИ, заводу) письмо.

70. 目前还没有收到你们的答复。

На данный момент мы еще не получили Вашего ответа.

71. 这个问题已经清楚（解决）。

Вопрос уже ясен (решен).

72. 如果有时间，我想和您谈谈。

Когда будете свободны, хочу переговорить с Вами.

73. 我和您一样。

У меня тоже.

74. 请稍等一会!

Подождите, пожалуйста, минуту!

75. 这是不可能的。

Это невозможно.

76. 怎么联系您？

Как связаться с Вами?

77. 您说得对。

　　Вы правы.

78. 问题原因已找到。

　　Причина выявлена.

79. 这个问题正在协调。

　　Этот вопрос решается.

80. 一切都会好的！

　　Все будет нормально (хорошо)!

81. 我们现在面临困难。

　　Перед нами сейчас трудности.

82. 他负责这项工作。

　　Он отвечает за эту работу.

83. 我是这样认为的。

　　Я так считаю.

84. 您同意吗？

　　Вы согласны?

85. 您怎么看？

　　Как Вы считаете?

86. 暂时没有办法。

　　Пока нет выхода (решения).

87. 您需要参加。

　　Вам необходимо участвовать.

88. 这是我的观点。

　　Это мое мнение.

89. 这是我们的方案。

　　Это наш вариант.

90. 我支持您！

　　Я Вас поддержу!

91. 我尽力！

　　Я постараюсь!

92. 别发火。

　　Не переживай, (Не волнуйся).

93. 别担心，一切都会好的。

Не беспокойтесь, все будет нормально.

94. 请跟我来。

Прошу за мной.

95. 休息一下。

Перерыв.

96. 别着急，会有办法的。

Не спеши, найдем выход (решение).

97. 您来得正好。

Вы вовремя пришли.

98. 来很久了吗？

Давно приехали?

99. 您终于来了。

Наконец-то пришли.

100. 我们等您很久了。

Мы Вас долго ждали.

101. 现在开始。

Сейчас начнем.

102. 什么时候回复？

Когда будет ответ?

103. 不着急，慢慢来。

Тише едешь, дальше будешь.

104. 有问题找您。

К Вам есть вопрос.

105. 电话号码是***。

Номер телефона - ***.

106. 我们电话联系！

Созвонимся!

107. 你什么时候回国？

Когда к себе, домой?

108. 您离开连云港的时间是哪一天？

Когда уезжаете из Ляньюньгана?

109. 我们会给你们写信。

Мы Вам напишем письмо.

110. 任何时间，都可以找我。

Меня можно найти в любое время.

111. 我们通过邮件方式和您联系。

Мы напишем Вам по электронной почте.

112. 小心！

Осторожно!

113. 您有什么建议？

Какое Ваше мнение?

114. 请给予帮助。

Помогите, пожалуйста.

115. 别碰，危险！

Не трогай, опасно!

116. 工作可以同时进行。

Эту работу можно выполнять параллельно.

117. 为什么不一样？

Почему разные?

118. 应了解原因。

Должны уточнить причины.

119. 这很清楚。

Это очень четко.

120. 根本搞不懂。

Совсем не понятно.

121. 这样不好。

Так, не хорошо.

122. 总体可控。

Все под контролем.

123. 存在个别问题。

Есть отдельные вопросы.

124. 需要增派人手。

Надо добавить людей.

125. 需要抓紧时间。

Надо ускорить работу.

126. 工作需要加强。

Надо улучшить работу.

127. 要找出原因。

Надо выяснить причины.

128. 一切都好。

Все хорошо.

129. 很好。

Очень хорошо.

130. 很糟糕。

Очень плохо.

131. 需要找到他。

Надо его найти.

132. 他不在现场。

Его нет на площадке.

133. 他在出差。

Он в командировке.

134. 他在休假。

Он в отпуске.

135. 我不清楚。

Я не в курсе.

136. 以后再说吧。

Потом поговорим.

137. 很忙，没时间。

Очень занят, некогода.

138. 马上。

Сейчас.

139. 稍等。

Минуточку.

140. 谢谢您所做的一切。

Спасибо за все.

141. 当然了（这是肯定的）。

Конечно.

142. 我都惊呆了。

Я просто в шоке.

143. 请帮个忙。

Помогите, пожалуйста.

144. 什么时候有结果？

Когда будут результаты?

145. 您怎么了？

Что с Вами?

146. 这不是我们的问题。

Это не нашего вопроса.

147. 我不了解（不清楚）。

Я не в курсе.

148. 去现场吧。

Идем на блок.

149. 都已经准备好了。

Все уже готово.

150. 等您决定。

Жжем вашего решения.

151. 我们不能这样浪费时间。

Нам нельзя зря тратить время.

152. 这是没有意义的。

Это без полезно.

153. 问题还没有解决。

Вопрос еще не решен.

154. 我们在等方案。

Ждем решения.

155. 什么意思？

В чем смысл（дела）？

156. 怎么回事？

Что случилось?

157. 以前从来没有过。

Раньше никогда не было.

158. 我们没办法了。

Нам конец.

159. 再想想。

Подумать еще.

160. 这不靠谱。

Это недостовернное.

161. 我们一起去现场。

Идем на блок.

162. 这样是不允许的。

Так нельзя.

163. 这太奇怪了。

Это очень странно.

164. 方案不是我们制定。

Решение не за нами.

165. 再稍微动一点点。

Еще чуть чуть.

166. 这很糟糕。

Это беда.

167. 等您解决（处理）。

Ждем вашего решения.

168. 等您很久了。

Мы долго Вас ждали.

169. 这样不行的。

Так нельзя.

170. 对于您来说是可以的。

Для вас можно.

171. 这不是开玩笑。

Это не шутки.

172. 需要叫厂代。

Надо вызывать шефа инженера.

173. 尺寸正常。

Размеры в норме.

174. 没有偏差。

Нет отклонения.

175. 已经通知了。

Уже сообщили.

176. 我们无所谓的。

　　Нам все равно.

177. 暂时什么都没有。

　　Пока нет ничего.

178. 这不是我们的错，是你们的错。

　　Мы не виноваты, вы виноваты.

179. 这个我们不需要。

　　Это нам не надо.

180. 这个都已经做了。

　　Это уже сделали.

181. 你怎么了？

　　Что с тобой?

182. 问题在哪里？

　　В чем проблемы?

183. 您做得不对。

　　Вы не правильно делали.

184. 我已经说过了。

　　Я уже говорил.

185. 您搞错了。

　　Вы ошиблись.

186. 以后就清楚了。

　　Дальше будет видно.

187. 您在这里做了什么？

　　Что вы здесь делали?

188. 算了吧，就这样吧。

　　Ладно, пусть так.

189. 不是这么简单的事情。

　　Это не так просто.

190. 需要搞清楚。

　　Надо выяснить.

191. 这个不适合。

　　Это не подходит.

192. 好样的，干得不错。

Молоцы, хорошо делали.

193. 都很好。

Все хорошо.

194. 应该这样做。

Так надо.

195. 不应该这样做。

Нельзя так делать.

196. 我能说什么呢？

Что я могу сказать?

197. 这是不对的。

Это не правильно.

198. 这是不允许的。

Это недопустимое.

199. 都准备好了。

Все готово.

200. 这不可能。

Это не может быть.

201. 可以这样做。

Можно так делать.

计划领域
Направление планирования

1. 需要对进度计划（二级，三级）进行调整。

   Надо корректировать график (второго уровня, третьего уровня).

2. 目前计划提前（滞后）10 h。

   Сейчас график выполняется с опережением (отставанием) на 10 часов.

3. 计划（专项计划）已经制订，必须保证执行。

   График (отдельный график) уже разработан, необходимо обеспечить его выполнение.

4. 请考虑在计划中是否还需要补充一些工作内容？

   Прошу Вас подумать, надо ли добавить работы в график?

5. 在工作执行过程中，各班组必须保证负接口衔接。

   При выполнении работ необходимо обеспечить плотное взаимодействие между бригадами.

6. 有关计划问题，我们需要进一步讨论。

   Что касается графика, нам еще надо продолжить его обсуждение.

7. 这一工作已列入计划（滚动计划）。

   Эту работу уже включили в график (суточное задание).

8. 需要制订专项计划。

   Надо составить отдельный график.

9. 计划是现实的，并考虑了一定的余量。

   График реальный и учитывает необходимый резерв.

10. 计划已按期全部完成。

    График выполнен в установленные сроки и в полном объеме.

11. 目前常规岛工作和关键路径不匹配。

    В данный момент, работы по неядерному острову не соответствуют критическому пути графика.

12. 计划已经批准发布。

График уже утвержден и введен в действие.

13. 需要会签计划。

Необходимо согласовать график.

14. 计划已升版，需按新版本执行。

График откорректирован, необходимо выполнять работы по новой версии.

15. 计划是使用 P6 软件编制的。

График разработан с применением программы «Премавэра - 6».

16. 计划由我们负责编制。

Мы отвечаем за разработку графика.

17. 主线工作已经标出。

Работы на критическом пути уже отмечены.

18. 各工作项目负责人均已指定。

По каждому проекту уже назначено ответственное лицо.

19. 计划已提前完成。

График выполнен с опережением.

20. 计划执行情况正常。

График выполняют нормально.

21. 主线计划进展顺利。

Красная линия (критический путь) выполняется успешно.

22. 我们要开会讨论计划问题。

Мы организуем совещание для обсуждения вопросов по графику.

23. 调试四级进度计划已经编制。

График 4-го уровняуже по пусконаладке уже составлен.

24. 调试项目不全。

Наладочные позиции графика не полные.

25. 调试三天滚动计划已经签字。

Трехсуточное задание по наладке уже подписали.

26. 计划按期开始。

Начали работать по графику.

27. 计划按期完工。

Выполнили работы по графику.

28. 调试工期比较紧张。

Срок по наладке очень напряженный.

29. 试验先决条件已准备完成。

Уже готовы к испытанию.

30. 试验先决条件检查，没发现问题。

Проверили готовность к испытанию, замечаний нет.

31. 调试进度控制存在一些问题。

Управление графиком по наладке выполняется с некоторыми проблемами.

32. 调试阶段划分是合理的。

Принятое разделение этапов по наладке - разумное.

33. 调试组织已经成立。

Организация по наладке уже создана.

34. 调试管理程序需要修改。

Надо корректировать процедуры по управлению наладкой.

35. 调试进展顺利。

Работа по наладке идет нормально.

36. 通过跟踪调试进展发现了一些问题。

Следили за процессом наладки и выявили некоторые проблемы.

37. 调试计划已编制完成。

График по наладке разработан.

38. 调试完工报告已经完成。

Отчет о выполнении наладки уже составлен.

39. 调试阶段报告已经提交。

Этапный отчет по наладке уже представили.

40. 调试人员已经进行了分工。

Работы наладчиков уже разделили.

41. 调试项目责任人已经指定。

Назначили ответственное лицо по наладке.

42. 调试项目增加会影响工期。

Добавление позиции по наладке влияет на срок выполнения.

43. 调试项目取消经过了审批。

Аннулирование позиций по наладке прошло рассмотрение.

44. 这是调试指挥部的命令。

Это приказ штаба по наладке.

45. 调试计划正在编制。

Сейчас составляют график по наладке.

46. 调试计划已经发布生效。

График по наладке уже выпущен и введен в действие.

47. 调试计划滞后。

График по наладке выполняется с задержкой.

48. 调试计划提前。

График по наладке выполняется с опережением.

49. 调试计划讨论会需要您参加。

Вам надо участвовать в совещании по обсуждению наладочного графика.

50. 调试专题讨论会明天召开。

Тематическое совещание по наладке будет завтра.

51. 大修工期很难保证。

Очень трудно обеспечить срок проведения ППР.

52. 大修工期已经优化。

Уже оптимизировали срок проведения ППР.

53. 项目计划已经调整。

Уже откорректировали график.

54. 大修准备工作已经完成。

Подготовительные работы к ППР уже выполнили.

55. 大修专项计划已经批准。

Отдельный график по ППР уже утвердили.

56. 大修节点已经确定。

Ключевые точки по графику ППР уже определили.

57. 大修组织机构已经建立。

Структура по организации ППР уже создана.

58. 这是大修指挥部的决定。

Это решение штаба ППР.

59. 一切按计划进行。

Все идет по графику.

运行领域
Направление эксплуатации

1. 无法建立压力（真空）。

    Невозможно создать давление (вакуум).

2. 需要进行定期切换和试验。

    Надо провести ППИ.

3. 需要通知主控。

    Надо сообщить на БЩУ.

4. 开始抽真空，操作需严格按规程执行。

    Начать набор вакуума, операцию выполять строго по инструкции.

5. 按规程执行泵（换热器）KKS···向备用泵（换热器）KKS···的切换。

    Выполнить переход насоса (теплообменника) KKS... на резервный KKS....

6. 系统泵 KKS···备自投动作。

    Сработал АВР на насосах системы KKS....

7. ××保护动作。

    Сработала защита ××.

8. ××泵切除，根据备自投×××泵启动，没发现问题。

    Отключился насос ×× по АВР включился насос ××, замечаний нет.

9. 堆外核测一通道显示功率升高。

    Повышенные показания мощности по первому каналу АКНП.

10. 根据化学监测结果，启动 LCQ···备用管线，切除 LCQ···运行管线并进行再生。所有操作按规程执行。

    По результатам хим. контроля, включить в работу резервную нитку LCQ..., отключить работающую нитку LCQ... и выполнить ее регенерацию. Все операции - по процедуре.

11. 就地检查泵××的运行情况。

    Проверь работу насоса ×× по месту.

12. 将××泵（系统）维修后投用（转入备用）。

Ввести насос ×× в работу (вывести в резерв) после его ремонта.

13. 将××泵（阀门，系统）转入维修。

Вывести в ремонт насос (арматуру, систему) ××.

14. ××泵 N 号轴承振动大（温度高）。

Повышенная вибрация (температура) подшипника N насоса ××.

15. 开始提棒。

Начать взвод (подъем) ОР СУЗ.

16. 检查落棒时间。

Проверить время падения ОР СУЗ.

17. 打开××。

Открыть ××.

18. 已打开××。

Открыто ××.

19. 关闭××。

Закрыть ××.

20. 已关闭××。

Закрыто ××.

21. 和×××联系。

Выйди на связь с ×××.

22. 请回电主控室。

Ответьте БЩУ.

23. 去看看××泵的情况。

Послушай насос ××.

24. 向×××（KKS 码）注水。

Заполнить ××× (код KKS).

25. ×××（KKS 码）已注水。

Заполнили ××× (код KKS).

26. ×××（KKS 码）排水。

Сдренировать ××× (код KKS).

27. ×××（KKS 码）已排水。

Сдренировали ××× (код KKS).

28. 请切除开关。

Отключите выключатель.

29. 试转电机（泵，×××）。

Опробование ЭД (насоса, ××).

30. 请打开××阀（KKS 码）。

Дайте на открытие арматуру (код KKS).

31. 请关闭××阀门。

Дайте на закрытие арматуру (код KKS).

32. 请在线××阀门（××泵，××系统）。

Соберите схему арматуры (насоса, системы) ××.

33. 请离线××阀门（××泵，××系统）。

Разберите схему арматуры (насоса, системы) ××.

34. 请微关阀门×××。

Прижмите прматуру ×××.

35. 请微开阀门×××。

Подорвите на открытие арматуру ×××.

36. 请测量×××的振动。

Замерьте вибрацию ×××.

37. ×××报警。

Висит сигнализация ×××.

38. 应急保护（应急预保护，快速预保护）动作。

Срабатывание защиты АЗ (ПЗ, УПЗ).

39. 请准备××设备投运。

Подготовьте оборудование ×× к работе.

40. 请切断电源。

Отключите питание.

41. 请联系主控切换。

Согласуйте переключение с БЩУ.

42. 机组（设备）运行正常。

Блок (оборудование) работает нормально.

43. 现操进行了现场巡检，没有问题。

Оперативный персонал провел обход блока, замечаний нет.

44. 现操进行了现场巡检，发现了××设备（主变，厂变，汽轮机，发电机，泵，管道，阀门，容器）问题。

Оперативный персонал провел обход блока, обнаружил замечание по оборудованию (БТ, ТСН, Турбине, генератору, насосу, трубопроводу, арматуре, баку) ××.

45. 进行（完成了）（氧气，氮气）浓度的测量。

Выполнить (выполнили) замер концентрации водорода (кислорода, азота).

46. 进行（完成了）控制棒活动性检查。

Провести (выполнили) расхаживание ОР СУЗ.

47. ××已开启。

Включили ××.

48. ××已切除。

Отключили ××.

49. ××在运行。

×× в работе.

50. ××已准备就绪。

×× готов к работе.

51. ××有故障。

Есть замечание по ××.

52. 自动已投入。

Автоматика включена.

53. ××系统故障。

Отказ системы ××.

54. ××通道故障。

Отказ канала ××.

55. 已在 SAP 系统提出工作申请。

Заявка на работу оформлена в САП.

56. 工作申请已提交至维修工程师进行审批。

Заявка на работу передана для подтверждения инженеру по ремонту.

57. 维修计划工程师已批准工作申请。

Инженер ОРМ по планированию уже подтвердил заявку на работу.

58. 运行计划工程师已批准工作申请。

Инженер ОРО по планированию утвердил заявку на работу.

59. 工作申请在 TWWMS 系统内为"隔离准备"状态。

В системе TWWMS заявка на работу находится в состоянии «Подготовка к локализации».

60. 工作申请在 TWWMS 系统内为"确认隔离"状态。

В системе TWWMS заявка на работу находится в состоянии «Подтверждение локализации».

61. 工作申请在 TWWMS 系统内为"解除/中止隔离准备"状态。

В системе TWWMS заявка на работу находится в состоянии «Снять/ прекратить подготовку к локализации».

62. 工作申请在 TWWMS 系统内为"解除/中止隔离"状态。

В системе TWWMS заявка на работу находится в состоянии «Снять/ прекратить локализацию».

63. 工作申请缺少消防系统隔离单。

В заявке на работу отсутствует лист локализации системы пожаротушения.

64. 工作申请缺少重大火灾风险分析单。

В заявке на работу отсутствует лист анализа пожарной опасности.

65. 工作申请缺少技改审批文件。

В заявке на работу отсутствует документ по разрешению технической модернизации.

66. 工作申请需要办理 TSD。

По заявке на работу надо оформить TSD.

67. 工作申请需要办理 TCA。

По заявке на работу надо оформить TCA.

68. 工作申请需要办理项目风险分析单。

По заявке на работу надо оформить лист анализа рисков при работе.

69. 工作申请中缺少维修计划工程师的签字。

В заявке на работу отсутствует подписть инженера ОРМ по планированию.

70. 工作申请中缺少运行计划工程师的签字。

В заявке на работу отсутствует подписть инженера ОРО по планированию.

71. 工作申请内附的流程图有错误，版次不对。

В заявке на работу схема выполнена с ошибкой, версия не правильна.

72. 工作申请办理的 TSD 有错误，程序版次不对。

В заявке на работу TSD оформлен с ошибкой, версия процедуры неверна.

73. 工作申请办理的 TCA 有错误，没有签字。

В заявке на работу TCA оформлен с ошибкой, нет подписи.

74. SAP 系统内提的工作申请不准确，需要现场核实。

Заявка на работу в САП оформлена не точно, надо проверить по месту.

75. 工作申请的内容有重大风险。

Содержание заявки на работу свидетельствует о большом риске при ее проведении.

76. 需要在日常生产管理会议上讨论。

Надо обсудить на оперативке по контролю производства.

77. 请您参加会议。

Просим Вас участвовать в совещении.

78. 这项工作需要安排至三天滚动计划内。

Эту работу надо учесть в трехсуточном задании.

79. 请按照大修提示的安排进行工作。

Прошу выполнить работу по приказу штаба ППР.

80. 这是标准隔离指令。

Это стандартная команда по локализации.

81. 需要办理工作申请。

Надо оформить заявку на работу.

82. 0.1 级日常缺陷处理进展顺利。

Устранение замечаний 0-ой и 1-ой категории идет нормально.

83. 缺陷处理需要按 0 级响应。

Устранение дефекта должно выполняться по условиям 0-ой категории.

84. MKW 系统进行排油。

Сброс масла системы MKW.

85. 需要将 SAP 系统的定期试验计划关闭。

Надо закрыть план ППИ в системе САП.

86. 正在制备硼酸。

Идет приготовление борной кислоты.

87. 满足技术规格书的要求。

Удовлетворяет требованиям технической спецификации.

88. 不符合技术规格书的要求。

Не соответствует требованиям технической спецификации.

89. 需要升版操作单。

Надо корректировать оперативный лист.

90. 按计划提升转速。

Поднять скорость вращения по графику.

91. 按顺序打开阀门。

Открыть армаутру по очереди.

92. 报告值长降功率结束。

Доложить НСБ о завершении снижения мощности.

93. 泵的保护没有投入。

Не включили защиту насоса.

94. 泵电机没有接地。

Злектродвигатель насоса не заземлен.

95. 泵联轴器没有保护罩。

На полумуфте нет защитного кожуха.

96. 泵轴按顺时针方向旋转。

Направление вращения насоса - по часам (по часовой стрелке).

97. 打开传感器一次阀。

Открыть первычный вентиль датчика.

98. 充注系统。

Заполнить систему.

99. 打开仪表排气阀。

Открыть воздушник прибора.

100. 处于备用状态。

Находится в резерве.

101. 厂房巡视。

Обход здания.

102. 水质标准偏离。

Отклонение ВХР от нормы.

103. 充注乏燃料水池。

Заполнить бассейн выдержки.

104. 充注堆内构件检查井。

Заполнить шахту ревизии ВКУ.

105. 使用便携式超声波流量表。

Использовать переносной ультрозвуковой расходомер.

106. 泵轴承罩振动。

Вибрация кожуха подшипника насоса.

107. 得到书面指令。

Получить письменный приказ.

108. 得到值长允许。

Получить разрешение от НСБ.

109. 电机工作电流过低（过高）。

Рабочий ток электродвигателя меньше (больше).

110. 电机过载和短路。

Перегрузка электродвигателя и замыкание.

111. 变更号是**。

Номер изменения - **.

112. 填写变更记录单。

Заполнить лист регистрации изменения.

113. 厂用蒸汽正常。

Пар собственных нужд - нормальный.

114. 完成了抽汽。

Выполнили отбор пара.

115. 抽真空前需要检查。

Надо проверить до набора вакуума.

116. 导出乏燃料的余热。

Отвод остаточного тепла ОТВС.

117. 端部密封泄漏。

Течь торцевого уплотнения.

118. 惰转情况正常。

Выбег - в норме.

119. 发电机已并网。

Включили генератор в сеть.

120. 发电机解列。

Отключили генератор от сети.

121. 阀门位于中间状态。

Клапан находится в промежуточном состоянии.

122. 已取样，正在分析。

Уже отобрали пробу, сейчас идет анализ.

123. 需要通知反应堆操纵员。

Надо сообщить ВИУР.

124. 需要报告给值长。

Надо доложить НСБ.

125. 反应堆位于保持功率工况。

Реактор работает в режиме поддержания мощности.

126. 反应堆降功率。

Снизить мощность РУ.

127. 反应堆升功率。

Подъем мощности РУ.

128. 出现了反转。

Обнаружили обратное вращение.

129. 将机组转为 "冷态"。

Переход блока в «Холодное состояние».

130. 需要联系检修人员。

Надо связаться с ремонтниками.

131. 进行备自投试验。

Провести испытание по АВР.

132. 进行泵的试转。

Провести опробование насоса.

133. 进行主汽门部分行程活动试验。

Провести расхаживание стопорного клапана.

134. 具备允许启动条件。

Условия по пуску готовы.

135. 进行空转。

Провести опробование на холостом ходу.

136. 冷态时电机绝缘正常。

В холодном состоянии изоляция двигателя в норме.

137. 这是临界转速。

Это критическая скорость вращения.

138. 满足下列条件。

Соответствовать следующим условиям.

139. 没有异常噪音。

Нет постороннего шума.

140. 排空反应堆竖井和换料井。

Опорожнить шахту реактора и шахту перегрузки.

141. 进行了品质再鉴定，结果正常。

Провели повторную аттестацию качества, результаты положительные.

142. 启动辅助锅炉。

Включить вспомогательную котельную.

143. 通知汽机操纵员。

Сообщить ВИУТ.

144. 汽机已经停机。

Остановили турбину.

145. 汽轮机冲转。

Толчок турбины.

146. 汽轮机调节器工作正常。

Регулятор турбины работает нормально.

147. 汽轮机工作于压力控制工况。

Турбина работает в режиме поддержания давления.

148. 汽轮机转子惰转曲线一切正常。

По графику выбега ротора турбины, все в норме.

149. 切换到手动工况。

Переключить в ручной режим.

150. 切换到自动工况。

Переключить в автоматический режим.

151. 热工参数正常。

Тепломеханические параметры - в норме.

152. 机组处于热态。

Блок находится в горячем состоянии.

153. 设备维修工作结束。

Завершили ремонтные работы на оборудовании.

154. 打闸停机。

Отключить турбину.

155. 完成仪表排气。

Выполнить газоудаление прибора.

156. 退出流量保护。

Отключить защиту по расходу.

157. 维修工作票已结票。

Наряд-допуск по ремонту уже закрыли.

158. 已经准备好投运。

Готов к пуску.

159. 以规定速度降低机组负荷。

Снизить нагрузку блока с рассмотренной скоростью.

160. 正在预热。

Сейчас идет разогрев.

161. 在电气柜上测量电流。

Замер тока в шкафу.

162. 调节阀卡塞。

Заклинивание регулирующего клапана.

163. 正式围栏已恢复。

Штатное ограждение восстановили.

164. 轴承温度稳定。

Температура подшипника - стабильная.

165. 轴向位移未超出限值。

Осевой сдвиг не превышает предела.

166. 记录在主控日志。

Записать в журнал на БЩУ.

167. 转子相对膨胀在规定范围内。

ОРР не превышает предела.

168. 转子转速正常。

Скорость вращения ротора в норме.

169. 定期试验取消。

Аннулировать ППИ.

170. 定期试验推后一周进行。

Отложить ППИ на неделю.

171. 现在需要进行维护保养。

Сейчас надо выполнить обслуживание и консервацю.

172. 超出运行限值。

　　Превышен предел эксплуатации.

173. 水质在合格范围内。

　　Качество воды в норме.

174. 给现操打电话。

　　Звони обходчику.

175. 广播通知启泵。

　　По радио сообщи о пуске насоса.

176. 需要使用防人因失误工具。

　　Необходимо применять меры по исключению человеческого фактора.

177. 需要进行独立验证。

　　Надо выполнить независимую проверку.

178. 遇疑则停。

　　При сомнении, необходимо остановить операцию.

179. 检查防误稀释措施。

　　Проверить меры по исключению ложного растворения.

180. 现在是交接班时间。

　　Сейчас время передачи смены.

181. 需要开工前会。

　　Надо провести инструктаж.

182. 需要进行监护。

　　Надо обеспечить контроль и защиту.

183. 关闭断电上锁。

　　Закрыть, обесточить и навесить замок.

184. 实施隔离。

　　Выполнить локализацию.

185. 解除隔离。

　　Снять локализацию.

186. 送电。

　　Подача напряжения.

187. 检查应急供电系统。

　　Проверить систему аварийного электропитания.

188. 正常供电系统工作正常。

　　Система штатного электропитания работает нормально.

189. 正在进行强迫循环。

Сейчас идет принудительная циркуляция.

190. 一回路已解密封。

Разуплотнение первого контура выполнено.

191. 化学分析结果正常。

Результаты по химанализу - в норме.

192. 出现了偏离，需要考虑方案。

Выявлено отклонение, надо принимать меры.

193. 开始一回路换水进行反应堆达临界操作。

Начать водообмен первого контура для вывода РУ на МКУ.

194. 工作区已清理。

Уже убрали рабочую зону.

195. 监测换热器的完整性。

Контроль целостности теплообменника.

196. 监测设备自动切换。

Контроль автоматического переключения оборудования.

197. 进行气体置换。

Провести перевод на газ.

198. 建立氮气垫。

Создать азотную подушку.

199. **房间，发现透过保温层泄漏。

В помещении **, обнаружили течь через теплоизоляцию.

200. 现在一回路液位是 33 m。

Сейчас уровень первого контура - 33 метра.

201. 需要试转。

Надо опробовать.

202. 没有电，无法试转。

Нет эл.питания, невозможно опробовать.

203. 要找出缺陷。

Надо найти дефект.

204. 需要 0 级响应。

Надо реагировать по 0-ой категории.

205. 要通知电网。

Надо сообщить энергосистеме.

206. 要加大取样频度。

Надо увеличить частоту отбора проб.

207. 需告知分析结果。

Надо сообщить результаты по анализу.

208. 需要加药剂。

Надо добавить химреагент.

209. 需要调整水质。

Надо настроить качество воды.

210. 树脂需要再生。

Надо регенерировать смолы.

211. ××含量超标。

Содержание × × выше нормы.

212. 化学分析结果正常。

По химанализу, результаты в норме.

213. 我们使用的仪表是***。

Наш прибор - ***.

214. 手机需要关机。

Надо отключить свои мобильники.

维修领域
Направление техобслуживания и ремонта

1. 发现了××设备缺陷，需要紧急处理。

   У оборудования ×× выявлено замечание, необходимо срочно его устранить.

2. 现在正在办理工作票，没有工作票不允许作业。

   Сейчас оформляем наряд, без него запрещается проводить работу.

3. 我们正在准备工具、工装、夹具和备品备件。

   Мы сейчас подготовим инструмент, приспособление, оснастку и ЗИП.

4. 我们维修承包商已准备就绪。

   Наш ремонтный подрядчик уже готов к работе.

5. 现在正在拆除保温(搭脚手架)。

   Сейчас снимают теплоизоляцию (устанавливают леса).

6. 是蒸汽发生器（主泵，反应堆，换料机，汽轮机，发电机，仪控）方面的问题。

   Замечание по ПГ (ГЦН, РУ, ПМ, Турбине, Генератору, СКУ).

7. 需要给出该部件的详细图纸和工厂文件。

   Необходимо показать подробный чертеж для данного элемента и других заводских документов.

8. 该设备需要解体检修。

   Необходимо выполнить разборку этого оборудования.

9. 我们需要带压堵漏。

   Нам надо заглушить место течи под давлением.

10. 我们现场没有这种材料（备品备件，工具）。

    Такого материала（ЗИП, инструмента）у нас на площадке нет.

11. 除了检修手册外，我们没有更具体的文件。

Кроме инструкции по ремонту, у нас нет более подробного документа.

12. 这一部件需要在机加车间进行加工。

Это элемент надо изготовить в мастерской.

13. 需要让厂家尽快派人来现场处理缺陷。

Завод должен как можно быстрее отправить специалиста и устранить замечания.

14. 根据现场实际条件，工厂（设计院）的方案并不可行。

По условиям на площадке, решение завода (института) не реальное.

15. 我们需要对缺陷进行打磨（补焊，机械加工）。

Нам надо выполнить шлифовку (заварку, мехническую обработку) дефекта.

16. 处理缺陷时，需要专家到现场指导。

Специалист должен присутствовать на месте устранения замечания.

17. 我们需要确保维修一次成功。

Мы должны с первого раза обеспечить успешное выполнение ремонтной работы.

18. 缺陷已处理完毕。

Замечание устранено.

19. 现在正在进行设备解体（回装，研磨，打磨，焊接，检查，去污，冲洗）工作。

Сейчас идет разборка (сборка, притирка, шлифовка, сварка, контроль, дезактивация, промывка) оборудования.

20. 现在正在进行设备（上部组件，保护管组件，堆芯吊篮，堆内构件，围板）吊装工作。

Сейчас выполняется грузоподъемная работа с оборудованием (ВБ, БЗТ, ШВК, ВКУ, выгородки).

21. 现在正在拆（装）堆。

Сейчас идет разборка (сборка) реактора.

22. 反应堆已经密封（解密封）。

Реактор уплотнен (разоуплотнен).

23. 进行了打压试验，没有问题(发现有漏)。

Провели ГИ, замечаний нет (выявлена течь).

24. 缺陷是裂纹（线性显示，夹渣，压痕，未焊透）。

Выявлено замечание - трещина (индикация, шлаковое включение, вмятина, непровар).

25. 正在查漏，漏点还没有找到。

Поиск течи выполняется, откуда утечки, пока еще не выявлено.

26. 我们找到了漏点，正在进行处理。

Мы нашли место утечки, сейчас устраняем замечание.

27. 检修文件包已准备完毕。

Пакет документации для ремонта уже готов.

28. 温度（压力）有偏差。

Температура (давление) с отклонением.

29. 数据和规程是一致的。

Данные соответствуют процедуре.

30. 这个安装空间太小，很不方便。

Место установки маленькое, очень неудобно.

31. 没有办法，设计结构就是这样的。

Что поделаешь, такая конструкция.

32. 试验结果正常，没有问题。

Результаты испытания в норме, нет вопросов.

33. 设备维修不方便。

Неудобно ремонтировать оборудование.

34. 出现短路问题。

Выявили замыкание.

35. 定值设置的不正确。

Уставка выставлена неправильно.

36. 保护误动作。

Ложное срабатывание защиты.

37. 需要去机加车间。

Надо в мастерскую.

38. 需要就地处理。

Надо устранить по месту.

39. 贵方是否能够提供有效的解决方案？

Вы сможете предоставить эффективное предложение?

40. 这个方案是否可行，请给出建议？

Это предложение реальное или нет, какое Ваше мнение?

41. 现场出现的这种缺陷，贵方是否有相关的处理经验？

    По данному дефекту у Вас есть опыт устранения?

42. 你觉得造成这种缺陷的原因是什么？

    Какие причины возникновения данного дефекта?

43. 针对××缺陷，9 点我们将在 216 会议室召开会议，请你准时参加，谢谢！

    По дефекту ××, в 9:00 будет совещание в помещении 216, прошу Вас участвовать, спасибо!

44. 针对××缺陷，我们将做出如下处理措施。

    По дефекту ××, мы будем принимать следующие меры.

45. 感谢您长期以来对我们工作的支持。

    Благодарю Вас за постоянную поддержку.

46. 这个方案不必考虑，因为它没有实际作用。

    Не надо учитывать этот вариант, он не реальный.

47. 这是会议纪要，请您签字。

    Это - протокол совещания, прошу Вас подписать.

48. 缺陷产生的原因有以下几方面。

    Причины дефекта - следующие.

49. 对××进行彻底检查，确认无异常。

    Полностью разобрали ××, замечаний нет.

50. 现场缺陷已经处理完毕，感谢你的通力配合。

    Замечание уже устранили, спасибо Вам за содействие.

51. 如果今天不能完成这项工作，我们将超出计划的工期。

    Если сегодня не сможем выполнить эту работу, то сорвем срок графика.

52. 我认为这个方案不够完善，这样做可能会引起其他的问题。

    Я считаю, что этот вариант недостаточный, если так делать, то это может вызвать другие проблемы.

53. 现场这个问题十分棘手，请你及时联系贵方相关专家进行讨论分析。

    Это вопрос очень сложный, прошу Вас обсудить его с вашими специалистами.

54. 我们觉得这个方案可行。

    Я считаю, что этот вариант - реальный.

55. 我们休息十分钟，一会再讨论这个问题。

Отдохнем десять минут, потом еще обусудим.

56. 1 号机发电机转子绝缘出现波动。

Было колебание изоляции ротора генератора 1-го блока.

57. 1 号机主变 A 相中乙炔浓度高。

Высокая концентрация ацетилена по фазе А БТ 1-го блока.

58. 1 号机发电机端部振动监测点 C6 引线的振动高。

Большая вибрация вывода C6 генератора блока 1.

59. 请厂家提供设备解体和组装的规程。

Прошу завод предоставить процедуры по разборке и сборке оборудования.

60. 请提供设备的内部结构图纸。

Прошу передать чертеж внутренней конструкции оборудования.

61. 技术支持人员进行了现场测量。

Специалисты замерили по месту.

62. 水泵试转过程出现跳泵现象。

При опробовании было отключение насоса.

63. 跳泵原因是电机电流过载 。

Причина отключения насоса - перегрузка тока электродвигателя.

64. 系统内有气体，需安排排气。

В системе есть воздух, надо удалить.

65. 水泵的对中合格。

Центровка насоса в норме.

66. 振动偏大的原因为地脚螺栓有问题。

Причина большой вибрации связана с проблемой по анкерным болтам.

67. 泵的轴向窜动不允许超过×mm。

Осевой сдвиг насоса не должнен превышать (быть больше) $\times$ мм.

68. 配合间隙偏大/偏小。

Зазор сопряжения больше/меньше.

69. 再循环管线运行压力低。

Давление в линии рециркуляции - низкое.

70. 水泵出口压力低。

Давление на напоре насоса - низкое.

71. 对水泵进行盘车检查，确认转子转动灵活，无卡涩。

Проверили насос с помощью ВПУ, вращение ротора - в норме,

заклинивания нет.

72. 泵壳材料是碳钢（不锈钢）。

Материал улитки насоса - «черный» металл (нержавеющая сталь).

73. 根据泵的振动参数，确认轴向/径向振动偏大。

По параметрам вибрации насоса, вибрация осевая / радиальная - большая.

74. 工厂要给出详细的返修工艺。

Завод должен предоставить подробную технологию по доработке.

75. 有没有成熟的工艺。

Нет готовой технологии.

76. 需要提供焊接工艺评定报告。

Надо предоставить отчет по аттестации технологии сварки.

77. 现场不具备热处理条件。

По месту нет условий для термообработки.

78. 这是无损检查报告。

Это отчет по неразрушающему контролю.

79. 水泵泵轴应检查弯曲度，必要时直轴。

Должен проверить изгиб вала насоса, при необходимости, подгонять вал.

80. 水泵的转子动平衡不合格。

Динамический баланс ротора насоса - не в норме.

81. 水泵的机械密封有泄漏，可能密封圈失效。

Течь через механическое уплотнение насоса, вероятно дефект уплоняюшей прокладки.

82. 解体检查发现泵的诱导轮有气蚀。

При разборке насоса обнаружили износ импеллера из-за кавитации.

83. 解体检查发现水泵推力盘有磨损痕迹。

При разборке насоса обнаружили износ упорного кольца.

84. 水泵的轴瓦有磨损，需重新刮瓦。

Износ вкладыша насоса, необходимо шабрить.

85. 拆卸过程中，平衡盘卡死在轴上，无法取出。

При разборке балансировочный диск заклинивал с валом, невозможно извлечь.

86. 解体检查发现水泵的泵轴有腐蚀和磨损痕迹，磨损深度达×mm。

При разборке насоса обнаружили износ вала, глубина износа $\times$ мм.

87. 打压试验确认无泄漏，试验压力×MPa，保压时间×min。

Провели гидровлику, течи нет, давление испытания × МПа, время выдержки × минут.

88. 对水泵腐蚀部位采用激光熔覆/冷焊/陶瓷涂层工艺进行修复。

Восстановить место коррозии на насосе с применением технологии лазерной наплавки/холодной сварки керамическим покрытием.

89. 需要核实钝化膜完整性。

Надо проверить целостность пленки пассивации.

90. 已更换新的电机。

Уже заменили электродвигатель на новый.

91. 联轴器需要重新铰孔。

Надо заново делать райберовку муфты.

92. 泵的轴瓦温度高，润滑油里有杂质。

Температура вкладыша насоса - высокая, в масле есть примеси.

93. 泵的轴承温度高是因为轴承压盖间隙偏小。

Температура подшипника насоса повышенная из-за маленького зазора буксы.

94. 泵轴承有异音，需解体检查。

Есть посторонний шум в подшипнике насоса, надо выполнить разборку.

95. 轴承温度高，供油不足。

Температура подшипника - высокая, недостоточная подача масла.

96. 泵需更换所有密封圈。

Надо заменить все уплотняющие прокладки насоса.

97. 泵需要进行解体大修。

Надо выполнить капитальный ремонт насоса с разборкой.

98. 对径向止推轴承组件进行了解体检查。

Провели разборку РОП для ревизии.

99. 需更换上推力瓦。

Надо заменить верхнюю упорную подушку.

100. 更换推力盘上幅面板。

Заменить верхнюю накладку.

101. 已经更换推力盘下幅面板。

Заменили нижнюю накладку.

102. 下推力瓦不用更换。

Не надо заменять нижнюю упорную подушку.

103. 轴承室压力偏小，需更换螺纹泵。

Давление в буксе подшипника недостаточное, надо заменить винтовой насос.

104. 独立回路水透光率超标。

Прозрачность воды в автономном контуре выше нормы.

105. 压力比出现较大波动。

Соотношение давления с большим колебанием.

106. 需要分析原因并提出纠正措施。

Надо провести анализ причин и предоставить корректирующие меры.

107. 需修改主泵维修大纲。

Надо корректировать ремонтную программу по ГЦН.

108. 这台主泵的惰转时间偏小。

Время выбега этого ГЦН сранительно меньше.

109. 主泵电磁铁启动逻辑需要做变更。

Надо корректировать алгоритм пуска электромагнита ГЦН.

110. 需要增加检查项目。

Надо добавить позиции контроля.

111. 松动部件监测系统闪发报警信号。

По СОСП появился сигнал.

112. 对焊缝可达区域进行超声检查。

На доступной зоне сварного шва провести УЗК.

113. 对所有焊缝进行着色检查。

Для всех сварных швов выполнить цветную дефектоскопию.

114. 主泵检查一切正常，没有问题。

Проверили ГЦН, все нормально, замечаний нет.

115. 主泵备件充足。

ЗИПа ГЦН - достаточно.

116. 目前缺这一备件，需要联系厂家。

Сейчас отсутствует этот ЗИП, надо связаться с заводом.

117. 这台主泵电机近三年累计运行了 20 000 小时，累计启动次数 20 次。

За три года, суммарная эксплуатция этого электродвигателя ГЦН составила

20 000 часов, всего было 20 пусков.

118. 振动较大，超过预设的定值。

Вибрация большая, выше предусмотренной уставки.

119. 主泵电机瓦温高，需对油箱进行动态换油。

Температура вкладыша ЭД ГЦН - высокая, надо выполнить динамическую замену масла.

120. 主泵电机的战略备件需进行定期保养。

Надо выполнять периодическую консервацию для стратегических ЗИП ЭД ГЦН.

121. 发电机密封瓦温度高，需对密封瓦的结构进行改进。

Температура УВГ высокая, надо выполнить реконструкцию УВГ.

122. 密封瓦结构设计存在问题。

Конструкция УВГ не удачная.

123. 我们进行了改造，效果良好。

Мы провели модернизацию, результаты хорошие.

124. 供油管线接口处滴油。

Утечка масла по стыкам трубок подачи масла.

125. 稳压器安全阀阀上腔温度偏低。

Температура верхней полости ИП КД - низкая.

126. 氢气捕集器内有气泡。

Появился пузырь в ловуше водорода.

127. 对阀门进行了密封性试验。

Провели испытание на плотность клапана.

128. 阀门进行了研磨。

Провели притирку арматуры.

129. 进行了带压堵漏。

Выполнили операцию глушения под давлением.

130. 处理效果不好，需要考虑新方案。

Результаты устранения - неудовлетворительные, надо продумать другой вариант.

131. 大修工期紧张，工作不能全部执行。

Срок ППР напряженный, невозможно выполнить все работы.

132. 需要考虑缺陷处理的时间窗口。

Надо определить время в графике для устранения замечания.

133. 现在不具备维修条件，将在下次大修中执行。

Сейчас нет условий для выполнения ремонта, его будут выполнять в следующий ППР.

134. 您对这一维修方案有什么意见？

Какое у Вас мнение по этому варианту ремонта?

135. 密封环损坏，需要更换新的。

Уплотнение повреждено, его надо заменить на новое.

136. 密封环尺寸不合适。

Размер уплотняющей прокладки не подходит.

137. 密封环材质有问题。

Есть замечание по материалу уплотняющей прокладки.

138. 对缺陷进行了挖补，并补焊。

Выполнили выборку дефекта и его заварку.

139. 这一缺陷没有影响，可以不用处理。

Этот дефект ни на что не влияет, его можно не устранять.

140. 维修后进行了检查，没有问题。

После ремонта выполнили контроль, замечаний нет.

141. 显示打磨后消失。

После шлифовки индикация дефекта исчезла.

142. 进行了打磨，需要着色检查。

Провели шлифовку, надо выполнить цветной контроль.

143. 阀杆有划痕，长约 50 mm，宽 10 mm。

Риска на шпинделе арматуры, длина примерно 50мм, ширина примерно 10мм.

144. 阀杆有凹坑，需要用备件更换。

Есть вмятина на шпинделе арматуры, надо заменить на новый, из ЗИП.

145. 泵的盘根漏水。

Течь по сальнику.

146. 阀杆和填料压盖间隙太大，超过 0.1 mm。

Зазор между шпинделем и сальником большой, больше 0.1мм.

147. 力矩开关磨损，需更换备件。

Есть износ моментного выключателя, надо заменить на новый, из ЗИП.

148. 缺陷是点状腐蚀。

Это дефект питтинговой коррозии.

149. 设备腐蚀严重，需要尽快处理。

У оборудования серьезная коррозия, надо как можно быстрее устранить.

150. 缺陷严重，无法修复。

Дефект серьезный, невозможно устранить.

151. 需要进行同轴度测量。

Надо замерить соосность.

152. 阀门密封面有损伤。

Есть дефект на поверхности уплотнения арматуры.

153. 法兰密封面有贯穿性腐蚀缺陷，需要修补。

На уплотняющей поверхности фланца есть сквозный коррозионный дефект, надо устранить.

154. 减速齿轮磨损严重，需要更换电动头。

Серьезный износ на зубчатке редуктора, надо заменить привод.

155. 需要您到现场看看处理情况。

Вам надо на месте посмотреть состояние устранения дефекта.

156. 阀座损坏。

Седло арматуры повреждено.

157. 需要对焊缝缺陷进行打磨补焊。

Надо зашлифовать и заварить дефектный сварный шов.

158. 止动垫片锈蚀严重，需要更换。

У стопорной шайбы серьезная коррозия, надо заменить.

159. 这是未焊透缺陷，属于工厂焊缝。

Это непровар на заводском сварном шве.

160. 我们需要讨论处理方案。

Нам надо обсудить варианты устранения.

161. 正在查漏，漏点还没找到。

Сейчас идет пойск течи, еще не нашли откуда течь.

162. 凝汽器需要补充牺牲阳极块。

В конденсаторе надо добавить протекторы.

163. 衬胶损坏脱落，正在处理。

Гуммировка повреждена, сейчас устраняют.

164. 阀门关闭时出现开关力矩报警。

   При закрытии арматуры появился сигнал по превышению момента открытия и закрытия.

165. 力矩动作异常，关力矩动作慢。

   Срабатывание момента - не нормально, момент на закрытие срабатывает медленно.

166. 接线端子老化。

   Старение клеммы.

167. 密封面有贯穿性划痕。

   Есть сплошная риска на поверхности уплотнения.

168. 法兰连接改为焊接连接。

   Менять фланцевое соединение на сварное.

169. 需要改造节流孔板。

   Надо модернизировать дроссельную шайбу.

170. 垫片损坏。

   Шайба повреждена.

171. 振动过大，螺栓断裂。

   Вибрация большая, разрушился болт.

172. 燃料配插正常。

   Перестановка ПС СУЗ в ТВС - без замечаний.

173. 控制棒抽插力检查正常。

   Протаскивание СУЗ - без замечаний.

174. 个别控制棒摩擦力偏大。

   Большое усилие трения у отдельных ОР СУЗ.

175. 燃料组件出现卡涩。

   Заклинивание ТВС.

176. 对中没有问题。

   По центровке - все нормально.

177. 密封面改造有些问题，需要讨论。

   Есть некоторые вопросы по модернизации поверхности уплотнения, надо обсудить.

178. 需要联系水压机设计院。

   Надо связаться с Гидропрессом.

179. 需要采取防异物措施。

Необходимо принять меры для исключения попадания посторонних предметов.

180. 需要进行缺陷原因分析并形成报告。

Необходимо провести анализ причин по этому замечанию и оформить отчет.

181. 需要在办证室办理入场证件并付 100 元押金。

Надо оформить пропуск в бюро пропусков и заплатить сто юаней залога.

182. 需要去做本底检查（WBC）。

Надо пройти СИЧ

183. 司机会去接您。

Машина будет за Вами.

184. 有问题或有什么事可以给我打电话，我的电话是***。

Если что, звоните, пожалуйста, мой телефон ***.

185. 到吃饭时间了，我们去食堂吃饭。

Уже время обеда, пойдем в столовую.

186. 到下班时间了，我们去坐班车。

Пора домой, идем на автобус.

187. 把你的护照、医学评价、健康证明给我复印一下。

Прошу копировать Ваш паспорт, медицинскую справку.

188. 告诉我你的通行磁卡号，辐射控制区通行证号。

Пожалуйста, номер Вашего пропуска в зону.

189. 我们一起去 1 号机组/2 号机组核岛 34 m 大厅吧。

Идем в ЦЗ, на 34-ую отметку блока 1/2.

190. 控制棒驱动机构落棒试验的时间是 24 日凌晨 4 点，车 3 点去接你，请在宾馆门口等。

Испытание по падению ОР СУЗ будет в 4 часа утра 24-го числа, в 3 часа машина будет за Вами, прошу ждать у ворот гостиницы.

191. 保护管组件位置的测量时间是今天上午（下午，晚上）。你到我们办公室来找我。

Сегодня до обеда (после обеда, вечером) будет замер положения БЗТ. Приходите к нам в офис.

192. 今天下午我们进行风管拆除（安装）。

Сегодня после обеда мы демонтируем (смонтируем) вентиляционные воздуховоды.

193. 控制棒驱动机构摩擦力的测量时间是 29 日 20 点。

Время протаскивания ОР СУЗ - 29-ое число с 20:00.

194. 机组停机时间是××，机组启动时间是××.

Время останова блока - ××, время пуска блока - ××.

195. 落棒时间正常（××棒卡涩）。

Время падения ОР СУЗ - в норме (заклинивание ОР СУЗ ××).

196. 3 根中间位置指示器已拆除。

Уже сняли ДПШ 3-х центральных приводов СУЗ.

197. 暂时没有工作，你可以先回办公室休息一下。

Пока нет работы, ты можешь отыхать немножко у себя.

198. 如有问题，打电话给您。

Если будет вопрос, я позвоню Вам.

199. 小心沾污。

Осторожно, загрязнение.

200. 所有证件都拿齐全了吗？

Необходимые документы взяли с собой?

201. 今天下午进行反应堆上部组件的拆卸。

Сегодня, после обеда, будет разборка ВБ.

202. 正在调试反应堆主密封螺栓拉伸机。

Сейчас идет наладка гайковерта главного разъема реактора.

203. 当前我们正在进行风管的改造。

Сейчас идет модернизация венткоробов.

204. 反应堆废中子温度测量通道已拔出。

Уже извлекли отработанный КНИТ.

205. 工具和文件是否满足使用要求？

Удовлетворяют ли инструменты и документация требованиям работы?

206. 检修程序已经生效了。

Процедуры ремонта уже в действии.

207. 下午 1 点半我们继续工作。

После обеда, в 13:00, продолжим работу.

208. 今天工作就到这吧，明天我们继续。

На сегодня все, продолжим работу завтра.

209. 反应堆（保护管组件，吊篮，上部组件，横梁）的检修。

Ревизия реактора (БЗТ, ШВК, ВБ, траверса).

210. 目前正在做驱动杆的清洗工作。

Сейчас идет дезактивация штанг приводов СУЗ.

211. 你的辐射控制区通行证还没办好，我正在协调。

Еще не оформляли Ваш пропуск в зону, я сейчая работаю с ним.

212. 请你写一份本次大修工作的总结。

Прошу написать отчет по этому ППР.

213. 我现在把×××的测量数据给你。

Я дам Вам результаты замеров по ×××.

214. 您如何评价这些数据？

Как Вы оцениваете эти результаты?

215. 这是给您的饭卡，临走时请归还给我。

Это Вам карточка на питание, когда будете уезжать, надо вернуть карточку мне.

216. 对我们有什么要求？

Есть требования (вопросы) к нам?

217. 请注意安全。

Прошу обращать внимание на безопасность.

218. 我陪你去我们领导那里见见面。

Я с Вами к руководителю.

219. 我们看看图纸之后再研究一下这个问题。

Мы посмотрим чертеж, потом обсудим этот вопрос.

220. 我们编制一个会议纪要，最后大家会签一下。

Мы составим протокол совещания, потом подпишем.

221. 正在办理工作票。

Сейчас оформляют наряд-допуск на работы.

222. 目前还没有批票。

Еще не утвердили наряд.

223. 对于这个问题，你有什么好的建议？

Что Вы посоветуете по этому вопросу?

224. 需要到库房里拿工具和耗材。

Надо сходить на склад за инструментом и расходными материалами.

225. 要防止异物落入。

Надо исключить попадание посторонних предметов.

226. 要听从工作负责人和辐射防护人员的指挥。

Надо слушать команду ответственного лица и персонала радиационной защиты.

227. 如何固定？

Как закрепить?

228. 如何消缺？

Как устранить замечание?

229. 已经清洁了螺纹孔（部件，密封槽）。

Уже очистили резьбавые гнезда (детали, канавки).

230. 已经刷漆。

Уже покрасили.

231. 燃料配插正在进行。

Сейчас идет перестановка ТВС.

232. 燃料组件有漏，需要啜漏检查。

В ТВС выявлена негерметичность, надо провести КГО.

233. 测量方法不正确。

Метод измерения - не правильный.

234. 测量工具不对，结果不可信。

Измерительное средство не то, результаты - не верные.

235. 需要拆保温。

Надо снять теплоизоляцию.

236. 缺陷还没找到。

Дефект еще не нашли.

237. 换料监测系统已安装。

Датчики СКП установлены.

仪控领域
Направление СКУ

1. 自动辐射监测系统（ARMS）有些问题。

   Есть некоторые вопросы по АСРК.

2. 请查看系统历史事件，分析××××故障原因。

   Прошу проверить "исторические" события системы, анализировать причины отказа ××××.

3. 请协助备份××××系统历史数据。

   Прошу содействовать в архивации данных системы ××××.

4. 应用软件自动退出运行。

   Приложенная программа автоматически отключилась от работы.

5. 操作终端频繁出现蓝屏/死机。

   На оперативном терминале постоянно синий экран/завис.

6. 请配合实施个人剂量监测系统改造工作。

   Прошу содействовать в выполнении модернизации системы контроля индивидуальной дозы.

7. 请问××××升级替代的可行性如何？

   Насколько целесообразна модернизация ××××?

8. ××××型号不一致，是否通用？

   По ×××× разные типы, можно ли их взаимно заменить.

9. 请协助进行数据库服务器备件的硬件组装及系统软件配置工作。

   Прошу содействовать в сборке "железа" для сервера базы данных, а также в установке программного обеспечения.

10. 请协助将 ARMS 机组数据清理导入到 UYA 离线数据。

    Прошу содействовать в выводе данных АСРК для блока в нештатные данные UYA.

11. 请协助对 1、2 号机组服务器，RAID 硬件，数据库系统软件进行状态文件生成和性能诊断。

Прошу содействовать в диагностике оформления документации о состоянии серверов блока 1, 2, "железа" RAID, системных программ базы данных и их характеристик.

12. 请协助对两台机组数据库系统同步与热备份状态进行检查。

Прошу содействовать в проверке синхронизации систем базы данных блоков и состояния "горячей" архивации данных.

13. 第×通道信号出现异常显示，请分析原因。

Было не нормальное показание сигнала × канала, прошу анализировать причины.

14. 电缆端子连接错误，导致设备损坏。

Неправильно соединили клеммы кабеля, из-за этого повредили оборудование.

15. 设备安装图纸与现场实际条件不符，需要澄清和修改。

Монтажный чертеж оборудования не соответствует реальным условием по месту, надо уточнить и корректировать.

16. 在正常运行期间，系统闪发故障报警。

При нормальной эксплуатации, появился сигнал об отказе системы.

17. 系统（设备）在使用过程中存在以下缺点，需要进行改进。

При работе системы (оборудования) существуют следующие недостотки, надо усовершенствовать.

18. 现场使用的探测器损坏率较高，需要进行认真分析，并提出改进措施。

Датчики, используемые на площадке, постоянно повреждают, надо внимательно анализировать и предоставить улучшающие меры.

19. 改进和变更需要提供正式图纸和文件，按程序执行。

Для усовершенствования и изменения необходимы официальные чертежи и документы, и выполнение по процедуре.

20. 需要确认试验测试的先决条件，过程和所需要的结果。

Надо подтверждать требуемые условия к тестовому испытанию, процесс испытаний и ожидаемые результаты.

21. 堆外核测系统设备检查工作要求和流程。

Требования и процесс работы по проверке оборудования АКНП.

22. 堆外核测探测器标定工作先决条件，过程和结果。

Условия, процесс и результаты по тарировке датчиков АКНП.

23. 堆外核测系统标定工作需要占用大修主线时间。

Работа по тарировка АКНП будет занимать время критического пути графика ППР.

24. 工作过程优化。

Усовершенствование процесса работы.

25. 在初始设计方案中存在以下缺点，需要改进。

Предварительный проект с недостатками, надо улучшить.

26. 在设备制造过程中如何进行质量控制？

Как обеспечить качество при изготовлении оборудования?

27. 在设备出厂验收阶段需要买方人员见证。

Представитель Заказчика должен участвовать при приемке оборудования на заводе.

28. 请提供设备验收程序及各类相关文件。

Прошу предоставить процедуры по приемке оборудования и другие связанные документы.

29. 正在进行堆芯核测系统换料数据的更新工作。

Сейчас идет работа по обновлению данных перегрузки от СВРК.

30. 就地加速度传感器和放大器都没有问题。

У местного датчика ускорения и усилителя - нет замечаний.

31. 下层保护机柜模件已开始标定工作。

Уже начали работу по тарировке модулей шкафа защит нижнего уровня.

32. 正在进行就地仪表目视检查工作。

Сейчас идет работа по визуальному контролю приборов по месту.

33. 环路电缆和中子温度测量通道解除工作已完成。

Уже выполнили работу по демонтажу соединительных кабелей и КНИТ.

34. 需要进行中子温度测量通道的更换工作。

Надо провести работу по замене датчика КНИТ.

35. 如文件已准备好，请通知我们。

Если документы готовы, то сообщите нам.

36. 声音泄漏综合检查工作已在开展，马上进行就地仪表的标定工作。

Уже начали комплекстную проверку САКТ, скоро будем проводить тарировку местных приборов.

37. 注意提醒工作人员保护温湿泄漏监测系统就地探头，防止探头损坏。

Напомни работникам о защите местных датчиков СВКТ, чтобы исключить повреждение датчиков.

38. 振动噪声泄漏监测系统需要进行全面检查，发现异常请通知我们一起进行处理。

По СВШД надо выполнить полную проверку, при выявлении замечаний сообщи нам, вместе устраним.

39. 上层系统的软件请尽快更新。

Прошу как можно быстрее обновить программное обеспечение системы верхнего уровня.

40. 下层保护机柜故障模件请检查并修复。

Прошу проверить и ремонтировать поврежденный модуль шкафа защит нижнего уровня.

41. 正在进行堆芯换料。

Сейчас идет перегрузка.

42. 预计今天（明天）达到热态（临界，并网，满功率）。

Возможно сегодня (завтра) будет горячее состояние (на МКУ, в сеть, на).

43. 信号偏差较大，需要进行探测器标定。

Отклонение сигналов - большое, надо выполнить тарировку датчиков.

44. 需要对转换单元进行调整。

Надо настроить блок преобразования.

45. 需要更换探测器。

Надо заменить датчик.

46. 由于更换了探测器，需要进行机柜内系数的修改，请准备参数文件。

В связи с заменой датчиков, надо корректировать коэффициенты в шкафу, прошу подготовить документы по параметрам.

47. 请稍等，我先与操纵员联系获取开工许可。

Подождите, пожалуйста, для получения разрешения мне надо связаться с оператором.

48. 今天需要加班，完成这项工作。

Сегодня будет сверхурочная работа, надо выполнить это задание.

49. 今天进行探测器绝缘电阻，电容，连续性检查。

Сегодня проверим сопротивление датчика, конденсатор, непрерывность.

50. 需要进行改造，请提供改造方案。

Надо выполнить модернизацию, прошу предоставить рекоментацию по модернизации.

51. 仪表损坏。

Прибор поломан.

52. 仪表管需要排气。

Надо дренировать импульсную линию.

53. 仪表不准，需要校表。

Показания прибора неточные, надо поверить.

技术支持领域
Направление технической поддержки

1. 进行主设备（反应堆，蒸汽发生器，安注箱）在役检查。

   Провести контроль металла основного оборудования (реактора, ПГ, ГЕ САОЗ).

2. 役检时，发现××管道减薄。

   При контроле металла обнаружили утонение трубопроводов ×××.

3. 进行了目视（着色，射线，超声，涡流）检查，一切正常。

   Провели визуальный контроль (цветную дефектоскопию, радиографический контроль, УЗК, ВТК), все в норме.

4. 需要对仪表进行校验（标定）。

   Надо делать поверку (тарировку) приборов.

5. 堆外核测系统（仪表）已完成标定。

   Уже выполнили тарировку АКНП (приборов).

6. 对发电机（汽轮机，××泵，电机）进行了××轴承测振，振动正常（偏大）。

   По генератору (турбине, насосу ××, электродвигателю ××) замерили вибрацию подшипника, вибрация в норме (большая).

7. 瓦振偏大。

   Вибрация вкладыша - большая.

8. 需要对振动进行调整，增加配重。

   Надо снизить вибрацию, добавить груз.

9. 转子要做动平衡。

   Для ротора надо делать динамическую балансировку.

10. 改造方案已经确定（实施）。

    Предложение по модернизации уже определили (реализовали).

11. 改造效果很好。

Результаты модернизации - хорошие.

12. 热工水力特性正常。

Теплогидравлические характеристики - в норме.

13. 仪表指示正常。

Показание приборов - в норме.

14. 检查了热平衡，正常。

Проверили тепловой баланс, все нормально.

15. 运输容器加速度计正常（跳离）。

Ускоритель ТУК в норме (сработал).

16. 运输容器外观无异常（异常）。

Внешний вид ТУК - без замечания (с замечанием).

17. 运输容器铅封完好（破损）。

Пломба ТУК - целая (повреждена).

18. 燃料厂房温湿度已符合程序规定。

Температура и влажность в хранилище свежего топлива в соответствии с процедурой.

19. 燃料检查用工器具及量规均已经过检定。

Уже поверили стапель и измерительные инструменты для проверки ТВС.

20. 燃料组件外表面有划痕（压痕），是否符合程序要求？

Соответствует ли требованию процедуры риска (вмятина) на поверхности ТВС?

21. 燃料组件指标符合供货合同要求，请签字。

Прошу подписать, что показатели ТВС соответствуют требованиям контракта.

22. 燃料吊篮附近是有沾污的区域，进出需要小心。

Рядом с чехлом ТВС - грязная зона, ходить надо остарожно.

23. 燃料组件、上管座、下管座、导向管、中心管、燃料棒、定位格架、支承格架、控制棒组件一切正常。

ТВС, головка, хвостовик, направляющая трубка, центральная трубка, твэл, дистанционирующие решетки, опорные решетки, ПС СУЗ - все в норме.

24. 一回路碘同位素活度高。

Активность иода первого контура - высокая.

25. 燃料组件失去气密性。

ТВС - не герметична.

26. 对换热器（过滤器，氢气复合器）进行了效率试验，试验结果合格（不合格）。

Провели испытание на эффективность теплообменника (фильтра, контактного аппарата), результаты испытания - в норме (не в норме).

27. 一回路主设备热位移监测正常（不合格）。

Тепловое перемещение основного оборудования первого контура - в норме (не в норме).

28. 对安全壳隔离阀（人员闸门，设备闸门）进行密封试验，试验结果合格（不合格）。

Испытывали запорную арматуру ГО (шлюза персонала, транспортного шлюза) на герметичность, результаты удовлетворительные (отрицательные результаты).

质量保证
Направление обеспечения качества

1. 需要开启不符合项报告。

    Необходимо открыть акт несоответствия.

2. 文件不完整。

    Документация не полная.

3. 不符合程序要求。

    Не соответствует требованиям процедуры.

4. 需要制订质量计划并确定监督见证点。

    Необходимо составить план качества и определить контрольные точки.

5. 我们出席了见证点并发现了一些问题。

    Мы присутствовали на контрольной точке и обнаружили некоторые замечания.

6. 质保大纲和质量管理程序必须严格执行。

    Необходимо ответственно выполнять требования программы по обеспечению качества и процедуры по управлению качеством.

7. 需要对该程序(规程)进行升版。

    Необходимо корректировать данную программу (процедуру).

8. 我们将进行质保监查。

    Будем проводить аудит.

9. 人员资质存在问题。

    Есть замечания по квалификации персонала.

10. 在场地管理方面我们发现了好的做法。

    Мы обнаружили хороший способ управления на рабочем месте (месте проведения работ).

11. 工器具摆放的很整齐，防人因工具使用很到位。

Инструменты разложены в порядке, меры для исключения человеческого фактора применены разумно.

12. 力矩不够，没有拧到位。

Момента не хватает, не затянули до требуемой величины.

13. 工作没有按程序执行。

Выполнили работу не по процедуре.

14. 需要制订质量计划。

Надо составить план качества.

15. 需要提供质量计划。

Надо предоставить план качества.

16. 质量计划没有签字。

Не подписали в плане качества.

17. 需要给出检验和试验计划。

Надо предоставить план контроля и испытания.

18. 没有检查报告。

Нет акта по контролю.

19. 测量设备没有标定。

Не тарировали измерительный прибор.

20. 应该派人一起参加。

Должны отправить представителя для совместного участия.

21. 进行供方评价。

Провести оценку Поставщика.

22. 质量保证大纲审查。

Рассмотреть программу обеспечения качества.

23. 需要制定纠正措施。

Надо составить корректирующие меры.

24. 文件不适用，应该修订或升版。

Документ не подходит, должны корректировать или изменить версию.

25. 这个版本文件不适用。

Эта версия не подходит.

26. 人员资格存在问题。

Есть вопрос по квалификации персонала.

27. 工艺评定存在问题。

Есть замечания по аттестации технологии.

28. 焊工的资格。

Квалификация сварщика.

29. 这家单位不具备资格。

У этой организации нет сертификации.

30. 这是核安全法规的要求。

Это требования законодательства по ядерной безопасности.

31. 需要制定新的程序或细则。

Надо составить новую процедуру или положение.

32. PPM 程序中没有这个规定。

В процедуре PPM нет такого требования.

33. 对程序的理解存在误区。

Неправильно поняли процедуру.

34. 开展质量趋势分析。

Провести анализ тенденции по качеству.

35. 职责分工没有描述清楚。

Не четко распределили ответственность.

36. 独立性不够。

Независьмость - недосточно.

37. 这个流程有问题。

Это проблемый процесс.

38. 已经满足×××要求，可以开展下一步工作。

Удовлетворяет требованиям ×××, можно дальше работать.

39. 按照规定，应该开启不符合项报告。

По правилу, надо открыть отчет о несоответствии.

40. 按照规定应该开出停工令。

По правилу, надо дать команду о прекращении работы.

41. 现在口头要求这一工段停工，正式文件马上发出。

Сейчас устно требуем от этого участка остановить работу, скоро отправим официальный приказ.

42. 问题已经提出了很长时间，没有在规定时间内答复。

Вопрос уже давно задавали, но ответ своевременно не получили.

43. 应该立刻对人员进行相关的培训。

Необходимо немедленно провести обучение персонала.

44. 这个人不具备开展这项工作的能力，建议更换。

Этот человек не способен выполнять данную работу, предлагаем заменить.

45. 要进行根本原因分析。

Надо анализировать коренные причины.

46. 应该有质量文化。

Должны обеспечивать культуру качества.

47. 应该提前通知我们。

Должны заранее нам сообщить.

48. 质量保证级别是清楚的。

Категория обеспечения качества - четко.

49. 质保监查发现问题。

Выявили замечания при аудите качества.

50. 这违反了质保大纲的要求。

Это нарушение требования программы обеспечения качества.

51. 文件已发布生效。

Документы уже выпустили и ввели в действие.

52. 这是公司组织机构。

Это - структура организации компании.

53. 可以原样接受。

Можно принять, как есть.

54. 需要报废处理。

Надо браковать.

55. 不能关闭不符合项报告。

Нельзя закрыть отчет р несоответствии.

核安全领域
Направление ядерной безопасности

1. 发现的任何异常均可填写状态报告。

   По любому выявленному замечанию можно заполнить рапорт состояния.

2. 状态报告按照后果的严重程度分为 4 类，即：A 类、B 类、C 类和 D 类。

   По серьезности последствия рапорт состояния распределили на 4 категории: A, Б, С, Д.

3. 状态报告需要科值校对后方能由处长签发。

   Начальник отдела подпишет рапорт состояния только после рассмотрения в секторе или смене.

4. 状态报告按照原因分类分为：机械、电气、仪控、人因、管理和其他。

   По причинному фактору можно распределить рапорт состояния на виды: мехника, элетрическая часть, СКУ, управление и другие.

5. 对于 A，B 类状态报告必须要进行根本原因分析。

   Для рапорта категории A, Б необходимо провести анаиз коренных причин.

6. 分析报告必须要经由公司主管领导批准。

   Отчет анализа необходимо утвердить руководителю компании.

7. 需要例会讨论状态报告。

   Надо обсудить рапорт состояния на оперативке.

8. 我们进行了观察，发现了一些问题。

   Мы провели наблюдение, обнаружили некоторые замечания.

9. 需要制定纠正行动。

   Надо составить меры действия.

10. 这是人因问题。

    Это - человеческий фактор.

11. 需要采取措施，防止人因失误。

Надо принять меры для исключения человеческой ошибки.

12. 我们防人因失误工具还是有效的。

Наши меры по предотвращению влияния человеческого фактора - эффективные.

13. 请按时完成状态报告纠正行动。

Прошу вовремя выполнить меры действия на рапорт состояния.

14. 公司性能指标包含 WANO 指标。

Наши характерные показатели включают в себя показатели ВАО АЭС.

15. 你们能力因子是如何计算的？

Как вы расчитаете КИУМ?

16. 安全第一，质量第一。

Безопасность превыше всего, качество превыше всего.

17. 我们有安全文化培训课程。

У нас проводятся занятия по обучению культуре безопасности.

18. 安全文化是我们电厂的最重要文化。

Культура безопасности - эта самая важная культура у нас на станции.

19. 安全文化重在落实。

Важный момент, это действовать по культуре безопасности.

20. 这是我们公司的良好实践。

Это наша положительная практика.

21. 华北站的监督员要求对这项工作进行现场见证。

Инспектор ГАНа требует присутсвовать при этой работе.

22. 需要提前通知华北站监督员。

Надо заранее сообщить инспектору ГАН.

23. ××设备在安装过程中存在重大质量问题，需要向国家核安全局报告。

При монтаже оборудования ×× выявлено серьезное замечание по качеству, надо доложить NNSA.

24. 要严格执行核安全法规。

Надо серьезно соблюдать законы по ядерной безопасности.

25. 对于核安全监管单位提出的问题要及时采取有效措施进行整改。

По замечаниям ГАНа надо своевременно принимать меры для их устранения.

26. 国家核安全局已经批复。

NNSA уже дал разрешение.

27. 要确保设备质量受控。

Надо обеспечить контроль качества оборудования.

28. 这不符合核安全法规的要求。

Это не соответствует требованиям закона по ядерной безопасности.

29. 需要配合进行核安全检查。

Надо содействовать инспекции по ядерной безопасности.

30. 需要检查核安全管理要求的落实情况。

Надо проверить состояние реализации требования по ядерной безопасности.

31. 需要与国家核安全局进行协调。

Надо поработать с NNSA.

32. 这一工作在获得国家核安全局的批准后实施。

Выполнить работу только после получения разрешения NNSA.

33. 根据公司进度安排，需要在3月5日前提交**执照申请文件。

По нашему графику, заявку на лицензию ** должны предоставить до 5-го марта.

34. 装料许可证的审评需要提交***报告。

Для экспертизы, на разрешение загрузки ТВС, надо представить отчет ***.

35. 国家核安全局提出了***问题，请协助我们回答。

NNSA задавал вопросы ***, прошу отвечать с нами.

36. ×××审评会议在5月10日进行。

10-го мая будет совещание по экспертизе ×××.

37. 根据国家核安全法规的要求，需要在5月12日之前拿到审评问题的答复。

По требованию закона по ядерной безопасности, до 12-го мая надо получить ответы на вопросы, заданные при экспертизе.

38. 你们的安全文化水平很高。

У вас очень высокий уровень культуры безопасности.

39. 机组核安全状态正常。

Состояние ядерной безопасности блока - в норме.

40. 定期试验完成了70%。

ППИ выполнили на 70%.

41. 请组织经验反馈学习。

Прошу организовать изучение опыта обратной связи.

42. 观察了工作过程，总体良好，但存在个别问题。

Наблюдали процесс работы, в общем, все хорошо, но есть отдельные вопросы.

43. 检查了工作组织，没发现问题。

Проверили организацию работы, замечаний нет.

44. 检查了程序，程序过期。

Проверили процедуру, процедура не действует.

工业及辐射安全
Направление технической и радиационной безопасности

1. 进现场需要穿戴工作服、防砸鞋、戴安全帽和其他防护用品（耳塞、手套）。

   Для работы на блоке необходимо одеваться в спецодежду, специальную защитную обувь, каску и другие необходимые индивидуальные защитные средства (беруши, перчатки).

2. 这里危险，一定要注意安全!

   Здесь опасно, пожалуйста, будьте внимательны!

3. 这里有医药箱，需要时可以自取。

   Здесь находится аптечка, при необходимости, можно ею воспользоваться.

4. 您已严重违反了我们公司的工业安全（辐射安全）规定。

   Вы уже серьезно нарушили правила по промышленной безопасности (по радиационной безопасности) АЭС.

5. 我们现场设有卫生所，如不舒服，可以去看医生。

   У нас на площадке есть медпункт, если чувствуете себя плохо, то можно к врачу.

6. 剂量超出了限制标准。

   Доза превысила предел.

7. 我们采取了降低集体剂量的必要措施。

   Мы приняли необходимые мероприятия для снижения коллективной дозы.

8. 采取了控制进场人员数量、作业时间限制、相应的屏蔽保护等措施。

   Приняли меры по ограничению количества людей в зоне, по ограничению рабочего времени, соответствующей радиактивной защите и другие.

9. 我们跟踪监督了工作过程，一切正常，没有违规现象。

   Мы контролировали выполнение работы, все было нормально, нарушений не было.

10. 高空作业要戴好安全带。

    Работать на высоте необходимо с предохранительным поясом.

11. 现在剂量较高，需要进行去污（不能进入）。

    Сейчас доза большая, необходимо выполнить дезактивацию (нельзя входить).

12. 这是岛内紧急撤离路线图。

    Это - маршрут аварийной эвакуации из зоны.

13. 进行作业时，防护措施不到位（没有监护人员，未塔防火棚，未设围栏）。

    При выполнении работы, принятые защитные меры недостоточны (нет наблюдающего персонала, не установили огнеупорную защиту, не установили ограждение).

14. 热点已标出。

    Горячие точки уже отметили.

15. 探伤时无关人员需要离场。

    При радиационом контроле не связанный (не участвующий непосредственно в контроле) персонал должен отойти от запрещенной зоны.

16. 已经沾污，需要去污处理。

    Уже загрязнили, необходимо выполнить дезактивацию.

17. 去污效果不错，剂量已经符合要求。

    Результаты дезактивации - хорошие, доза уже в норме.

18. 防护措施比较得力，人员没有沾污。

    Приняли более эффективные защитные меры, у персонала загрязнения не было.

19. 这里很危险，请离开。

    Здесь опасно, отойдите, пожалуйста.

20. 人数太多。

    Людей слишком много.

21. 这非常影响工作。

    Это очень влияет на работу.

22. 需要增加屏蔽措施。

    Надо добавить защитные меры.

培训领域
Направление обучения

1. 您需要参加入场安全课程学习。

   Вам надо пройти инструктаж по безопасности работы на АЭС.

2. 您需要参加入场安全考试。

   Вам надо сдать эказмен по безопасности работы на АЭС.

3. 只有参加安全考试并成绩合格，才能办理工作任务授权。

   Разрешение на работу дается только после экзамена с положительной оценкой.

4. 办理工作任务授权需要提供护照复印件。

   Надо предоставить копию паспорта для оформления разрешения на работу.

5. 办理工作任务授权后，才能办理通行证件。

   Получить пропуск только после оформления разрешения на работу.

6. 请提供人员资质证明。

   Прошу предоставить удостверение о квалификации персонала.

7. 请提供人员培训记录。

   Прошу предоставить регистрацию по обучению персонала.

8. 请在培训考勤表上签字。

   Прошу подписаться в листе регистрации по обучению.

9. 请在×××点之前到×××教室参加培训/考试。

   Прошу до ××× часов в ××× помещении участвовать в обучении/экзамене.

10. 请在培训/考试过程中保持安静。

    При обучении/экзамене нельзя шуметь.

11. 如有疑问，请及时向我们提出。

    Если есть сомнение, то своевременно нам сообщите.

12. 考试通过标准为 80 分。

    Критерий приемки экзамена - 80 баллов.

13. 恭喜您，您已通过考试。

Поздравлю Вас, вы прошли экзамен.

14. 很抱歉，您未通过考试，需要重新参加培训和考试。

К сожалению, Вы не сдали экзамена, надо повторно участвовать в обучении и экзамене.

15. 这是我们的培训政策。

Это наша политика по обучению персонала.

16. 我们有 20 位教员。

У нас 20 инструкторов.

17. 这是我们的全尺寸模拟机。

Это наш ПМТ.

18. 欢迎您来培训中心参观。

Приветствую Вас в нашем УТЦ.

19. 这是我们新教材。

Это наше новое пособие.

20. 这里每天都有培训。

Здесь занятия проводятся каждый день.

21. 操纵员在这里进行培训。

Здесь готовим операторов.

22. 我们有 20 间培训教室。

У нас 20 учебных аудиторий.

23. 这是维修技能培训教室。

Это аудитория для подготовки ремонтников.

24. 操纵员考试在这里进行。

У операторов экзамены проводят здесь.

25. 我们有操纵员考试委员会。

У нас есть комиссия по приемке экзаменов для операторов.

26. 好样的，考得不错。

Молодец, хорошо сдал экзамен.

1. 需要提供商务报价。

   Надо предоставить коммерческое предложение.

2. 我们已经签订合同。

   Мы уже подписали контракт.

3. 需要履行合同。

   Надо выполнить контракт.

4. 没有履行合同义务。

   Не выполнили обязательства по контракту.

5. 货款已经支付。

   За груз уже выплатили.

6. 合同谈判正在进行。

   Сейчас идут переговоры по контракту.

7. 已经发出邀请函。

   Уже отправили приглашенние.

8. 没有收到回复。

   Не получили ответа.

9. 需要确定供方。

   Надо определить поставщика.

10. 供方资质存在问题。

    Квалификация поставщика проблематична и вызывает сомнения.

11. 这项工作需要进行招投标。

    По этой работе надо провести тендер.

12. 这事需要请示上级。

    На счет этого, надо доложить руководству.

13. 合同已经到期。

    Контракт уже в действии.

14. 到货通知已经收到。

Уведомление о поставке уже получили.

15. 合同经理出差了。

Менеджер контракта в командировке.

16. 纸质文件还没收到。

Документ оригинала в письменном виде еще не получили.

17. 电子版文件已经收到。

Документ оригинала в электронной версии уже получили.

18. 合同已签字生效。

Контракт уже подписали и он уже в действии.

19. 这是违反合同。

Это - нарушение контракта.

20. 需要延期支付。

Надо отложить платеж.

21. 要暂停履行合同。

Надо приостановить исполнение контракта.

22. 合同需要修改。

Надо корректировать контракт.

23. 需要签订合同补充件。

Надо подписать дополнение к контракту.

24. 需要变更合同。

Надо изменить контракт.

25. 已支付金额×××。

Уже оплатили сумму ×××.

26. 合同金额是×××。

Сумма контратка ×××.

27. 技术服务合同已签字。

Контракт на техническую услугу уже подписали.

28. 这是采购清单。

Это - перечень закупок.

29. 到货状态不理想。

Состояние с поставкой - не удовлетворительное.

30. 合同要求的到货时间。

Требуемый срок поставки по контракту.

31. 实际的到货时间。

Реальное время поставки.

32. 我们到过工厂。

Мы были на заводе.

33. 库房内没有。

На складе нет.

34. 需要提前通知备货。

Надо заранее сообщить для подготовки.

调试领域
Направление
пусконаладочных работ

1. 我们一起负责调试。

   Мы вместе отвечаем за наладку.

2. 我在现场等您。

   Я жду Вас на площадке.

3. 调试发现了问题。

   Выявили замечания при наладке.

4. 您需要到现场。

   Вам надо на площадку.

5. 有没有更好的办法。

   Есть ли хороший вариант.

6. 给我们的时间很紧。

   У нас очень мало времени.

7. 需要抓紧时间。

   Надо ускорить процесс.

8. 您需要编写调试文件。

   Вам надо разработать пусконаладочные документы.

9. 压力无法建立。

   Невозможно создать давление.

10. 系统本身存在问题。

    Есть замечание по самой системе.

11. 设备质量有缺陷。

    Есть дефект по оборудованию.

12. 调试暂停，等通知吧。

    Приостановили наладку, ждем сообщения.

13. 继续调试。

    Продолжим наладку.

14. 结果符合验收准则。

    Результаты соответстуют критерию приемки.

15. 水质不合格。

    Качество воды - не отвечает норме.

16. 需要变更设计。

    Надо изменить проект.

17. 需要编制调试报告。

    Надо составить отчет по наладке.

18. 系统还没调好。

    Система еще не налажена.

19. 系统还没移交。

    Системы еще не передали.

20. 调试大纲正在审查。

    Идет рассмотрение программы пуско-налдки.

21. 设计有问题。

    По проекту есть проблема.

22. 设备质量有问题。

    По качеству оборудование есть проблема.

23. 安装质量有问题。

    Есть замечание по качеству монтажа.

24. 系统不符合总合同要求。

    Система не соответствует требованиям генконтракта.

25. 缺陷需要马上处理。

    Надо немедленно устранить замечание.

26. 参数已经调节。

    Параметры уже настроили.

27. 需要规定运行方式。

    Надо определить режимы работы.

28. 需要核对一下数据。

    Надо уточнить данные.

29. 这些数据需要存档。

Эти данные надо передать в архив.

30. 请给出建议方案。

Прошу дать Ваше предложение.

31. 这一调试程序不适用。

Эта процедура по наладке не подходит.

32. 系统和设备的调试已完成。

Система и оборудование уже налажены.

33. 定值已经设定。

Уставки уже выставлены.

34. 系统已移交运行。

Систему уже передали в эксплуатацию.

35. 工作符合调试进度要求。

Работы выполнены по графику.

36. 调试报告需明天提交。

Завтра надо передать отчет по наладке.

37. 设备单体调试不合格。

Индивидуальное испытание оборудование - не отвечает норме.

38. 系统符合设计要求。

Система удовлетворяет требованию проекта.

39. 在物理启动阶段。

На этапе физпуска.

40. 在调试准备阶段。

На этапе подготовки к наладке.

41. 系统和设备功能测试已完成，结果正常。

Функциональное тестирование системы и оборудования выполнено, результаты - положительные.

42. 一回路的水压试验和循环冲洗没有问题。

ГИ первого контура и циркпромывка выполнены без замечаний.

43. 反应堆热试已经完成，需要编制报告。

Горячая обкатка реактора уже выполнена, надо составить отчет.

44. 反应堆已启动达到首次临界状态。

Уже вывели РУ на МКУ.

45. 试验没有发现异常。

Замечаний при испытании нет.

46. 机组调试各阶段的工作顺序和测试范围已经确定。

Последовательность и объем работ этапов пуско-наладки уже определили.

47. 需要检查试验条件。

Надо проверить условия испытания.

48. 试验条件不具备。

Нет готовности к испытанию.

49. 正在办理试验许可证。

Сейчас оформляют разрешение на испытание.

50. 需要讨论机组安全壳的强度和密封性试验问题。

Надо обсудить вопрочы по испытанию ГО на прочность и герметичность.

51. 调试测量系统存在问题。

Есть замечания по СПНИ.

52. 调试人员不足。

Наладчиков не хватает.

53. 这是调试委员会的命令。

Это приказ комиссии по ПНР.

54. 他负责调试计划协调。

Он отвечает за координацию планирования ПНР.

55. 请审查这份调试程序。

Прошу рассмотреть эту процедуру по наладке.

56. 这是工厂的工作范围。

Это - объем работы завода.

57. 调试许可证已经收到。

Уже получили разрешение на ПНР.

58. 这是设备的初始运行数据。

Это исходные эксплуатационные данные оборудования.

59. 安装完工状态报告还没提交。

Отчет о выполнении монтажных работ еще не предоставлен.

60. 明天开始系统调试。

Завтра начнем наладку системы.

61. 需要尽快确定调试范围和顺序。

Надо как можно быстрее опреднлить объем и последовательность наладки.

62. 管道和设备支吊架需要调节。

Надо настроить опоры и подвески трубопроводов и оборудования.

63. 管道和设备的强度有问题。

Есть замечания по прочности трубопроводов и оборудования.

64. 人员需要尽快到场。

Персонал должен как можно быстрее прибыть на площадку.

65. 仪控设备已经测试，结果正常。

Уже тестировали оборудование по СКУ, результаты положительные.

66. 功能软件的主要参数正常。

Основные параметры для функциональных программ - в норме.

67. 工艺系统和设备调试已经结束。

Наладка технологической системы и оборудования уже выполнена.

68. 反应堆堆芯模拟组件已经装堆。

ИТВС уже загрузили в активную зону.

69. 反应堆水化学调节正常。

Регулирование ВХР реактора выполнено нормально.

70. 结果符合验收标准。

Результаты соответствуют критериям приемки.

71. 蒸汽发生器需要保养。

Надо выполнить консервацию ПГ.

72. 需要提供保养程序。

Надо представить процедуру по консервации.

73. 发现腐蚀缺陷。

Выявили замечание по коррозии.

74. 需要在试验台上进行测试。

Надо выполнить тест на стенде.

75. 已达到标准参数。

Уже достигли номинальных параметров.

76. 需要讨论定值问题。

Надо обсудить вопросы по уставке.

77. 设备已投入运行。

Оборудование уже включили в работу.

78. 远程控制没问题。

По дистанционному управлению - нет замечаний.

79. 数据需要处理。

Надо обработать данные.

80. 这是误信号。

Это - ложный сигнал.

81. 测量数据有误。

Есть ошибка по измерительным данным.

82. 结果是真实的。

Результаты - истинные.

83. 专用调试测量系统已经安装。

СПНИ уже смонтировали.

84. 实际运行特性与设计存在偏差。

Есть разница по проектной и фактической эксплуатационной характеристике.

85. 泄漏没有超过设计规定的允许限值。

Утечка не превышает допустимого проектного предела.

86. 安全壳部件的密封性符合设计要求。

Герметичность элементов защитной оболочки соответствует проектному требованию.

87. 钢筋混凝土中的应力没有超过设计值。

Напряжение железобетона в пределах требований проекта.

88. 部件的位移没有超过设计值。

Перемещение элементов в пределе требований проекта.

89. 进行设备的整体检查和调试。

Провести комплексную проверку и наладку оборудования.

90. 已检查反应堆控制系统的特性。

Уже проверили характеристики системы управления реактором.

91. 确定堆芯的中子与物理特性。

Уточнить НФХ активной зоны.

92. 检查反应堆生物防护系统的效率。

Проверить эффект биозащиты реактора.

93. 检查自动辐射控制系统的可用性。

Проверить работоспособность АСРК.

94. 测试监控与诊断系统。

    Тестировать СКУД.

95. 反应堆已达到临界状态。

    Реактор уже на МКУ.

96. 程序需要升版。

    Надо менять версию программы.

97. 物理启动进度滞后。

    Отставание по графику физпуска.

98. 检查设备与系统的临界前准备情况。

    Проверить готовность оборудования и систем к выходу реактора в критическое состояние.

99. 反应堆转至临界状态。

    Переход реактора в критическое состояние.

100. 正在换水达临界。

    Сейчас идет водообмен по выходу реактора в критическое состояние.

101. 临界硼浓度是××g。

    Концентрация бора при переходе реактора в критическое состояние - ×× грамм/л.

102. 进行控制与保护系统的联合试验。

    Провести комплексное испытание СУЗ.

103. 检查安全系统的运行能力。

    Проверить работоспособность системы безопасности.

104. 仪表应校准。

    Надо выполнить тарировку прибора.

105. 检查调节装置的控制方式。

    Проверить способ управления регулирующим устройством.

106. 反应堆装置、系统和设备的参数正常。

    Параметры РУ, систем и оборудования - в норме.

107. 堆芯的中子与物理特性符合设计。

    НФХ активной зоны соответствуют проекту.

108. 检查反应堆应急保护系统的效率。

    Проверить эффективность АЗ.

109. 进行 50%额定功率台阶的试验。

Провести испытания на 50% от номинальной мощности.

110. 进行额定功率下的试验。

Провести испытания на номинальной мощности.

111. 汽机开始冲转。

Начали толчок турбины.

112. 达到额定转速。

Достигли номинальных оборотов.

113. 这是临界转速。

Это критическая скорость.

114. 振动超标。

Вибрация выше нормы.

115. 发电机已并网。

Уже включили генератор в сеть.

116. 进行发电机甩负荷试验。

Провести испытание на сброс нагрузки генератора.

117. 检查并测试发电机励磁系统。

Проверить и тестировать систему возбуждения генератора.

118. 检查反应堆在一回路冷却剂自然循环方式的运行。

Проверить работу реактора при естественной циркуляции первого контура.

119. 进行机组动态试验。

Провести динамические испытания блока.

120. 检查汽轮机的振动和热机械状态。

Проверить состояние вибрации турбины и тепломеханическое состояние.

121. 进行物理试验。

Провести физические эксперименты.

122. 设备和系统的实际参数与特性符合设计要求。

Реальные параметры и характеристики оборудования и систем соответствуют требованиям проекта.

123. 瞬态工况下管道振动过大。

При переходном режиме вибрация трубопроводов - выше нормы.

124. 设备运行不稳定。

Оборудование работает не стабильно.

125. 需要编制调试工作竣工报告。

　　Надо составить отчет о выполнении ПНР.

126. 进行全厂断电试验。

　　Провести испытание по обесточиванию станции.

127. 现在是示范运行阶段。

　　Сейчас - этап демонстрационной эксплуатации.

128. 在额定功率下机组进行 100 h 的连续试运行。

　　На номиной мощности провести 100 часовую непрерывную пробную эксплуатацию.

129. 需要签署试验报告。

　　Надо подписать отчет об испытании.

130. 需提供调试所需的技术文件。

　　Надо предоставить необходимые технические документы.

131. 需提供调试专用仪表。

　　Надо предоставить специальные приборы для наладки.

132. 需要联系接口办。

　　Надо связаться с офисом по интерфейсу.

133. 需要报告给调试指挥部。

　　Надо доложить штабу по ПНР.

134. 已批准首次装料许可证。

　　Уже утвердили лицензию на первую штатную загрузку АЗ.

135. 进行了临时验收。

　　Провели временную приемку.

136. 问题需要报调试领导小组解决。

　　Вопрос надо доложить группе по руководству ПНР для решения.

137. 各阶段调试计划已生效。

　　График по каждому этапу уже в действии.

138. 存在调试与安装之间的接口问题。

　　Есть вопросы интерфейса между монтажом и наладкой.

139. 需要解决调试与生产之间的接口问题。

　　Надо решить проблемы интерфейса между наладкой и эксплуатаций.

140. 调试与设计之间的接口问题很多。

　　Много проблем по интерфейсу между наладкой и проектом.

141. 系统工程师已在现场。

Системный инженер уже на площадке.

142. 这不符合系统移交管理要求。

Это не соответствует требованиям по передаче системы.

143. 调试发现了设备缺陷问题，需要尽快处理。

Обнаружили при наладке замечание на оборудовании, надо быстрее устранить.

144. 调试时临时修改了运行限值和定值。

При наладке временно изменили эксплуатационные критерии и уставки.

145. 调试不符合项报告已关闭。

Отчет о несоответствии по наладке закрыт.

146. 设备单体试验合格。

Индивидуальное испытание оборудования выполнено успешно.

147. 循环冲洗准备就绪。

Готово к циркпромывке.

148. 系统的实际特性和设计不符。

Реальные харакгелистики системы отличаются от проекта.

149. 泵的实际参数与技术规格书要求一致。

Параметры насоса совпадают с требованиями технической спецификации.

150. 泵的状态指示与实际状态相符。

Показания насоса соответствует реальному состоянию.

151. 阀工开关的行程时间与制造商文件中规定的时间相符。

Время открытия/ закрытия арматуры соответствует заводским требованиям.

152. 轴承振动不超过合格证规定的值。

Вибрация подшипника в пределе паспортных величин.

153. 振动特性符合无故障的特性。

Характеристики вибрации в норме.

154. 轴承的温度偏高。

Температура подшипника выше.

155. 泵出口压力偏小。

Напор насоса меньше.

156. 阀门的渗漏超过允许值。

Утечка арматуры выше допустимой.

157. 控制逻辑满足要求。

Алгоритм управления удовлетворяет требованию.

158. 试验成功完成。

Испытание выполнено успешно.

159. 试验不成功，存在缺陷。

Испытание не успешно, есть замечания.

160. 压力无法保持。

Невозможно поддержать давление.

161. 密封性无法保证。

Невозможно обеспечить герметичность.

162. 有泄漏。

Есть течь.

163. 试验方法不正确。

Методика испытания - неправлильная.

164. 节流孔版需要调整。

Надо настроить дроссельные шайбы.

165. 泵备自投逻辑不正确。

Алгоритм АВР насоса - неправильный.

166. 泄漏率高于验收值。

Утечка - за пределами норм приемки.

167. 调节应急柴油发电机有功功率/无功功率。

Регулировать активную мощность/реактивную мощность ДГ.

168. 进行应急柴油发电机顺序带载试验。

Провести испытание АСП ДГ.

169. 换料机干式综合试验结果正常。

Испытание ПМ по-суху выполнено успешно.

170. 明天开始换料机水下综合试验。

Завтра будет испытание ПМ под водой.

171. 存在电气设备故障。

Есть замечание по электрическому оборудованию.

172. 试验结果需要分析。

Надо анализировать результаты испытания.

173. 有水击现象。

Есть гидроудар.

174. 棒位指示功能验证正确。

Функция ДПШ успешно проверена.

175. 测量所有控制棒的落棒时间。

Проверить время падения ОР СУЗ.

176. 应急柴油机启动成功。

Успешно пустили ДГ.

177. 系统运行符合设计要求。

Работа системы соответствует требованиям проекта.

178. 系统设计有问题。

Есть замечания по проекту системы.

179. 阀门打开的时间不正确。

Время открытия арматуры - не соответсвует требованиям.

180. 动作逻辑存在问题。

Алгоритм срабатывания - не соответсвует требованиям.

181. 旁排阀试验，振动偏大。

По испытанию БРУ-К - вибрация большая.

182. 支吊架变形。

Деформация опор и подвесок.

183. 流量分配不均。

Неравномерное распределение расхода.

184. 漏汽（氢）。

Утечка пара (водорода).

185. 漏油。

Утечка масла.

186. 泄漏。

Течь.

187. 不密封。

Неплотность.

188. 这是安装缺陷。

Это дефект монтажа.

189. 这是设计问题。

Это проблема проекта.

190. 规程有问题。

　　По процедуре есть замечания.

191. 设备存在缺陷。

　　Есть замечание по оборудованию.

192. 支吊架需要调整。

　　Надо настройть опоры.

193. 需要闭锁安全阀。

　　Надо заневолить предохранительный клапан.

194. 这项内容设计中没有规定。

　　Это содержание в проекте не указано.

195. 主泵惰转正常。

　　Выбег ГЦН – в норме.

196. 汽轮机首次启动成功。

　　Первый пуск турбины - выполнен успешно.

197. 存在一些开口问题。

　　Есть некоторые открытые вопросы.

198. 需要制订问题关闭计划。

　　Надо составить план устранения замечаний.

199. 绝缘有问题。

　　Есть замечания по изоляции.

运行准备领域
Направление по подготовке к эксплуатации

1. 请在 5 月 20 日之前完成××系统运行规程（技术方案）的审查，并提出修改建议。

   Прошу Вас выполнить рассмотрение ИЭ (технического решения) до 20-го мая, и предоставить предложения по корректировке.

2. 请提供××系统文件的电子版文件。

   Прошу предоставить документы по системе ×× в электронной версии.

3. 请提供××系统文件的签字版纸质文件。

   Прошу предоставить подписанный бумажный документ по системе ××.

4. 请提交××设备的运行指导文件。

   Прошу предоставить руководство по эксплуатации оборудования ××.

5. 根据××保护反应堆停堆。

   Останов реактора по защите ××.

6. 根据××保护汽轮机停机。

   Останов турбины по защите ××.

7. 根据××保护，发变组保护动作。

   По защите ××, сработала защита трансформатора-генератора.

8. 根据××保护，××系统泵切除，备用泵正常投运（备用泵未投运）。

   По защите ××, отклюили насос ××, резервный насос нормально включился (резервный насос не включен).

9. 安全系统动作正常。

   Система безопасности сработала нормально.

10. 安全系统未正确动作。

    Система безопасности сработала не правильно.

11. ××系统水质发生偏离，××离子浓度超标。

По системе ×× качество воды имеет отклонение, концентрация иона ×× выше нормы.

12. 请于今天下午 2 点到 3 号机组主控室集合，讨论××问题。

Сегодня в 2 часа после обеда собираемся на БЩУ блока 3, обсудим вопрос по ××.

13. 汽轮机主油泵 MOP（Main Oil Pump）已试转。

Уже опробовали MOP (основной маслонасос) турбины.

14. 汽轮机控制油泵 COP（Control Oil Pump）。

Подготовить к опробованию COP (насоса управления маслом) турбины.

15. 汽轮机应急油泵 EOP（Emergency Oil Pump）启动。

Включить EOP (аварийной маслонасос) турбины.

16. 停运汽轮机盘车油泵 TOP（Turning Oil Pump）。

Отключить TOP (маслонасос ВПУ) турбины.

17. 汽轮机顶轴油泵（Jacking Oil Pump）启动不成功。

Пуск JOP (насоса гидроподъема турбины) проведен не удачно.

18. 汽轮机超速保护（OPC）动作正常。

OPC (Защита от разгона турбины) сработала нормально.

19. 汽轮机应急跳闸系统（ETS）未动作。

ETS (система аварийного отключения турбины) не сработала.

20. 汽轮机机械超速（飞锤）系统（MOST）误动作。

Ложное срабатывание MOST (бойков турбины).

21. ××开关（母线）故障，差动、距离、弧光保护动作。

Отказ выключателей ×× (шины), сработала диффзащита, дистанционная защита, дуговая защита.

22. 请不要就地操作设备。

Нельзя управлять оборудованием по месту.

23. 发现设备异常时，请通知主控，电话：×××。

При обнаружении замечания по оборудованию, надо сообщить БЩУ, телефон ×××.

24. ××厂房发生××系统泄漏。

В здании ×× выявлена течь системы ××.

25. 针对××试验项目，请补充风险分析和应对措施。

По испытанию ×× надо добавить анализ безопасности и меры

безопасности.

26. 请对××试验进行技术交底。

Прошу провести технический инструктаж по испытанию ××.

27. 请对××试验条件进行确认，并签字。

Прошу проверить условия для испытания и подписать.

28. 请对××试验中的异常现象进行分析，提供解决方案。

Прошу выполнить анализ замечаний при испытании ××, и предоставить

предложения.

29. 请对××试验结果进行评价。

Прошу выполнить оценку результатов испытания ××.

30. 反应堆已经达到临界状态。

Реактор уже достиг критического состояния.

31. 机组已经达到额定功率，稳定运行。

Блок уже достиг номинальной мощноси, и работает стабильно.

32. 机组投入商用运行。

Блок включили в коммерческую эксплуатацию.

设计领域
Направление проекта

1. 需要尽快编制系统设计文件。

    Надо ускорить разработку проектной документации по системе.

2. 流程图，原理图何时完成？

    Когда выполните технологические схемы и принципиальные схемы?

3. 这是××技术规格书升版的格式及内容。

    Это - формат и объем корректировки технической спецификации по ××.

4. 同意改进项的建议。

    Согласен с предложением по позиции для усовешенствования.

5. 如何引进××设计变更？

    Как привести проектное изменение по ××?

6. 应避免××与××的打架。

    Надо исключить противоречия между ×× и ××.

7. 双方同意使用设计变更的新编码。

    Стороны согласны применять новый номер для изменения проекта.

8. 请尽快提供××的信息。

    Прошу как можно быстрее предоставить информацию по ××.

9. 需要预见到××的可能性。

    Надо предусмотреть возможность ××.

10. 提资包括哪些部分？

    Что включено в исходные данные для предоставления?

11. 需要补充××信息。

    Надо добавить информацию по ××.

12. 已全部提资。

    Уже полностью предоставили исходные данные.

13. 提资不影响设计工作。

    Предоставление исходных данных не влияет на проектные работы.

14. 正在协调厂家。

Сейчас еще поработаем с заводами.

15. 正在审查厂家的提资。

Сейчас рассматриваем исходные данные, предоставленные заводом.

16. 带意见同意（接受）。

Согласовано с замечанием (согласовано).

17. 应按期完成设计工作。

Надо в срок выполнить проектные работы.

18. 未按期完成图纸的编制工作。

Не в срок выполнили разработку чертежей.

19. 应按期提交电子版图纸。

Надо в срок предоставили чертежи в электронной версии.

20. 这是施工文件的审查意见反馈。

Это замечания по рассмотрению рабочих документов.

21. 关闭××的接口。

Закрыть интерфейс по ××.

22. 何时关闭 901 单?

Когда закрыть лист 901?

23. 请考虑我们关于××的意见。

Прошу продумать наши замечания по ××.

24. 这些变更何时列入设计方案的?

Когда включить эти изменения в проектное решение?

25. 这会耽误施工图纸的准备工作。

Это здержит подготовку рабочих чертежей.

26. 请贵方考虑已改变的设计期限。

Прошу Вас учитывать измененный проектный срок.

27. 我们来讨论下××问题。

Мы обсудим вопросы по ××.

28. 我们认为该设计变更是合理的。

Это проектное изменение мы считаем целесообразным.

29. 没有××我方不能开始设计工作。

Без ×× мы не сможем провести проектную работу.

30. 水压机试验设计局负责××的设计工作。

ОКБ ГП отвечает за проект ××.

31. 圣彼得堡设计院负责××的设计工作。

 СПбАЭП отвечает за проект ××.

32. 供图进度滞后。

Отставание по графику передачи чертежей.

33. 设计意见审查单的答复。

Ответ на лист замечаний проектантов при рассмотрении.

34. 就××问题工艺人员向土建人员下达任务书。

По вопросу ××, технолог дал задание строительному персоналу.

35. 现场发布设计变更。

Выпустить проектное изменение на месте.

36. 这属于重大变更。

Это относится к важному изменению.

37. 施工单位提出索赔。

Монтажная организация оформила рекламацию.

38. 财务分析报告及技术分析报告尚未提交。

Отчет по экономическому анализу и отчет по техническому обоснованию еще не предоставлены.

39. 这是设计改进项。

Эту позицию проекта надо усовершенствовать.

40. 应修改流程图。

Надо корректировать технологическую схему.

41. 设计管理程序需升版。

Надо изменить версию процедуры по управлению проектом.

42. ××引起现场施工滞后。

Из-за ×× работы на площадке остановлены.

43. 通过正式渠道发送××。

Отправить ×× через официальный канал.

44. 审图意见已通过邮件发出。

Замечания по рассмотрению чертежей уже отправили электронной почтой.

45. 技术设计阶段存在很多问题。

На этапе технического проектирования есть много замечаний.

46. 需要解决施工设计阶段存在的问题。

Надо решить существующие вопросы на этапе рабочего проектирования.

47. 设计边界已经确定。

Уже определили границу проекта.

48. ×级进度计划规定的交付时间。

Время передачи в графике ×-го уровня.

49. 需要讨论设计变更发布的时间表（进度）。

Надо обсудить график по выпуску проектных изменений.

50. 授权文件已经签署。

Докуменцию о полномочии уже подписали.

51. 应提供包含所有设备详细尺寸标注的设备布置图。

Надо предоставить компоновочный чертеж оборудования с подробными размерами каждого оборудования.

52. 需要讨论联合设计问题。

Надо обсудить вопросы о совместном проектировании.

53. 问题需要澄清。

Надо уточнить вопрос.

54. 需要给出设计澄清。

Надо предоставить разъяснение по проекту.

采购领域
Направление закупок

1. 何时发货？

   Когда будет отправка?

2. 发货通知信函号是什么？

   Какой номер сообщения об отправке?

3. 立即进行开箱检验。

   Надо немедленно открыть упаковку и проверить груз .

4. 需要提供装箱清单、形式发票、运单及质量证书。

   Надо предоставить упаковочный лист, счет-фактуру, транспортную накладную и сертификат качества.

5. 按照采购三级进度计划进行设备交付。

   Выполнить поставку оборудования по графику о закупке 3-го уровня.

6. 现场急需物项需要空运发货。

   Позицию, срочно необходимую на площадке, надо отправить самолетом.

7. 现场施工需求的到场时间。

   Срок поставки на площадку зависит от срока передачи в монтаж.

8. 边境交货时间。

   Время пограничной передачи груза.

9. 正在办理报关手续。

   Сейчас оформляют таможенную очистку.

10. 需提前交付。

    Надо поставить раньше.

11. 延期交付。

    Задержать срок поставки.

12. 请考虑空运发货。

    Прошу продумать отгрузку самолетом.

13. 安装，调试和担保期备品备件清单。

Лист ЗИП для монтажа, пуско-наладки и гарантийного периода.

14. 焊接工艺评定材料。

Материалы для аттестации технологии сварки.

15. 质保期小于 6 个月的消耗品。

Расходные материалы со сроком годности менее 6 месяцев.

16. 变更设备交货进度。

Изменить график поставки оборудования.

17. 进口核安全级设备注册登记。

Регистрация импортного оборудования ядерного класса.

18. 是否已取得设计证书？

Получили ли разрешение на проектирование?

19. 该批设备已完成"口岸放行"及"开箱文件放行"节点。

Для этой партии оборудования уже выполнили ключевые события "Разрешение таможни" и "Разрешение на открытие упаковок".

20. 设备随箱资料。

Сопровождающие материалы на оборудование.

21. 需要签订年度供货补充件。

Надо подписать дополнение годовой поставки.

22. 长周期设备（重要设备、辅助设备、阀门、管道）存在供货滞后问题。

Есть вопросы по задержке срока поставки оборудования длительного цикла изготовления (основного оборудования, вспомогательного оборудования, арматуры, трубопроводов).

23. 请在图纸中标明有错误或者冲突的地方。

Прошу отметить в чертеже место ошибки или несоответствия.

24. 对于该 NCR，请告知贵方的处理措施。

Прошу сообщить ваши меры по устранению этого NCR.

25. 请贵方告知相关专家来华的可能性。

Прошу сообщить о возможности приезда в Китай необходимого специалиста.

26. 请贵方按照纪要第 3.2.1.2 条要求在 2 月底前完成接口审查。

Прошу Вас до конца февраля выполнить работу по рассмотрению интерфейсных данных по пункту 3.2.1.2 протокола совещания.

27. 您是一名诚实和有经验的专家，我们相信您会客观地处理这个问题。

Вы - честный и опытный специалист, мы уверены, что Вы сможете разумно решить этот вопрос.

28. 按照总合同的规定，这不属于我们的供货范围。

   По ген.контракту, это не относится к нашему объему поставки.

29. 你们的专家何时可以参加会议？

   Когда смогут участвовать в совещании Ваши специалисты?

30. 请问你们谁负责这件事情？

   Кто у Вас отвечает за этот вопрос?

31. 什么时候可以给我们答复？

   Когда сможете дать нам ответ?

32. 一期是这样做的。

   По первой очереди делали так.

33. 为什么不能认可我们的技术方案？

   Почему не сможете подтвердить наш технической вариант?

34. 请说明一下你们不同意的理由？

   По каким причинам Вы не можете согласиться с нами?

35. 这是中俄标准差异引起的共性问题。

   Это - общая проблема из-за разницы стандартов Китая и России.

36. 建议我们共同讨论一种能够解决这些问题的方法。

   Предлагаю вместе обсудить варианты для решения этих вопросов.

37. 请您将问题再重复一遍。

   Прошу еще раз Ваши вопросы.

38. 我们技术方案相对一期而言有很大改进。

   По сравнению с первой очередью техническое решение улучшилось.

39. 设备本身的质量当然是由中方自己承担的。

   Конечно, мы отвечаем за качество оборудования.

40. 焊接相容性的问题已列入双方研究的范畴。

   Вопрос по сварной совместимости уже включен в объем исследования сторон.

41. 纪要已修改好了，请您再审查一下。

   Протокол уже корректировали, прошу еще раз проверить.

42. 如果会谈顺利，也许我们还有空喝一杯。

   Если все идет нормально, возможно мы еще успеем немножко выпить.

43. 建议我们尽早就这个议题达成共识，这样你们还有空去市区转转。

По этой теме нам надо как можно быстрее договориться, тогда Вы сможете еще немножко погулять по городу.

44. 管道管件订货清单是根据管道安装图纸整理出来的。

Заказ трубопроводной арматуры составлен по монтажным чертежам.

45. 只有提供准确的订货订单，管道管件才能开始制造。

Начать изготовления трубопроводной арматуры только после предоставления точного заказа.

46. 管道管件的供货周期通常需要 6 个月，进口管道管件的供货周期通常需要 8 个月。

Срок поставки трубопроводной арматуры, обычно 6 месяцев, для импортной, где-то 8 месяцев.

47. 我方管道管件的制造工艺与贵方是不同的，专家可以到中方的管道管件厂进行参观。

Наша технология по изготовлению трубопроводной арматуры отличается от вашей, специалисты могут посмотреть на китайских заводах.

48. 双方应讨论由中国厂家制造核 3 级及以下管夹的可能性。

Стороны должны обсудить возможности изготовления хомутов 3-го класса и ниже по ядерной безопасности.

49. 请贵方详细说明进行管道支吊架（特指管夹）计算所需要的输入参数。

Прошу Вас подробно объяснить входные параметры для расчета опор и подвесок трубопроводов (имею в виду хомуты).

50. 阻尼式止回阀能够有效地防止水锤现象。

Демпферный обратный клапан сможет эффективно предотвратить гидроудар.

51. 电负荷为 0.24 kW,热负荷为 1.8 kW。

Электрическая нагрузка 0,24 КВт, тепловая нагрузка:1,8КВт.

52. 需要俄方给出阀门安装位置或图纸布置信息。

Надо сообщить место установки арматуры или предоставить чертеж компоновки.

53. 需要考虑安装功率大于 10 kW 的电加热器。

Надо подумать о возможности установки электрических нагревателей мощностью более 10КВт.

54. 设备输入数据已经提交并认可。

Входные данные по оборудованию уже предоставили и получили подтверждение.

55. 这一设备中国可以生产。

Это оборудование можно изготовить в Китае.

56. 设备实际特性比设计要求要高。

Фактические характеристики оборудования лучше проектных.

57. 工厂泵的扬程比设计要求低一点。

Заводской напор насоса чуть- чуть ниже проектного.

58. 泵的汽蚀余量是有保证的。

Кавитационный запас обеспечен.

59. 设备设计审查会已经通过。

На совещании по рассмотрению конструкции оборудования уже решили.

60. 纪要上已规定。

В протоколе уже определили.

61. 设备设计已冻结。

Работа по конструкции оборудования уже заморожена.

62. 需要进行管道强度计算。

Надо провести расчет на прочность трубопроводов.

63. 需要进行楼层响应谱分析。

Надо выполнить анализ отдачи перекрытия.

64. 这一点在技术任务书中没有规定。

Насчет этого, в ТЗ ничего не указано.

65. 采购进度计划已经变更。

График по поставке уже корректирован.

66. 核级元器件需要鉴定。

Для элементов ядерного класса надо выполнить аттестацию.

67. 变压器需要进行抗震及加速老化鉴定。

Для трансформатора надо провести аттестацию по сейсмостойкости и ускорению старения.

68. 需要保证及时的设备接口交换。

Надо обеспечить своевременную передачу интерфейсных данных оборудования.

69. 接口资料关闭。

Документы по интерфейсу закрыты.

70. 需要召开设备设计联络会。

Надо организовать контактное совещание по конструкции оборудования.

71. 设备鉴定报告暂时还没出来。

Отчет по аттестации оборудования пока еще не дали.

72. 原材料采购方面问题不大。

Работа по закупке материалов, проблема не большая.

73. 已开启不符合项报告。

Уже открыли отчет о несоответствии.

74. 工厂需要派人来现场处理缺陷。

Завод должен отправить специалиста на площадку для устранения замечания.

75. 需要尽快通知工厂。

Надо немедленно сообщить заводу.

76. 设备按时交货评估报告已发出。

Отчет по оценке срока поставки уже отправили.

77. 设备开工制造我们将参加见证。

При начале изготовления оборудования мы будем присутствовать.

78. 没有收到设备见证通知单。

Не получили уведомления о присутствии контролера за оборудованием.

79. 设备出厂验收不合格。

По приемке оборудования на заводе - не годное.

80. 设备组装图不全。

Сборочный - неполный.

81. 电气贯穿件馈通分配图尚未收到。

Пока еще не получили чертежа по распределению электропроходок.

82. 需要编制设备完工报告。

Надо составить отчет о выполнении работы по оборудованию.

83. 需要确定设备安全等级、质保等级、抗震等级。

Надо определить класс безопасности оборудования, категорию по обеспечению качества, категорию сейсмостойкости.

84. 缺少电气原理图。

Электрическая принципиальная схема отсутствует.

85. 系统流程图有错误。

Есть ошибки по технологической схеме.

86. 海运大件货物（蒸汽发生器、压力容器）已装运。

Негабаритный груз морской транспортировки (ПГ, КР) погрузили.

87. 装船通知没有收到。

Еще не получили уведомления о загрузке.

88. 这是你们的责任范围，货物损失你们应负责。

Это - объем вашей ответственности, вы должны отвечать за ущерб груза.

89. 你们没有按期装船，产生了滞期费用。

Вы своевременно не погрузили, из-за этого выставили платеж за простой.

90. 根据国际贸易通则 incoterms2000/2010，交货条件是 FOB。

По международным правилом торговли Incoterms2000/2010, поставка на условиях ФОБ.

91. 这属于强制性认证产品。

Это относится к изделиям обязательной экспертизы.

92. 出入境检验检疫局负责法定检疫工作。

Государственное управление по экспертизе и санитарному контрлю товаров отвечает за экспертизу и санитарный контроль.

93. 我们进口成套设备。

Мы импортируем комплектное оборудование.

94. 这属于法定检验物项。

Это относится к позициям законной экспертизи и санитарного контроля.

95. 进口物项的检验检疫费已经交纳。

Расходы за эксперитзу импортной позиции уже оплатили.

96. 这一设备应该强制认证。

По этому оборудованию надо провести обязательную экспертизу.

97. 需要进行木质包装检疫。

Надо провести санитарный контроль деревянной упаковки.

98. 进口包装物检疫发现问题，正在处理。

При санитарном контроле упаковки выявили замечания, сейчас устраняют.

99. 设备拒绝验收。

Отказали в приемке оборудования.

100. 设备报废。

Оборудования с браком.

101. 工厂拒绝和监造人员合作。

Завод отказался от сотрудничества с инспекторами。

102. 未经同意工厂强制发货。

Завод настаивает на отгрузке без нашего решения.

103. 需要办理税款担保手续。

Надо оформлять гарантийнные документы для налогового платежа.

104. 需要办理免税证明手续。

Надо офомить справку для освобождения от налога.

105. 正在进行进口货物清关。

Сейчас идет таможенная очистка груза.

106. 这属于铁路运输超限货物。

Для ж.д отправки, это относится к габаритным грузам.

107. 铁路平车的装载加固方案已确定。

Решения по загрузке и закреплению в вагоне уже определены.

108. 燃料组件运输容器已经返厂。

ТУК уже отправили обратно на завод.

109. 燃料组件货包加速度计跳离。

Сработал ускоритель ТУК ТВС.

工程领域
Направление строительно-монтажных работ

1. 请按时参加隐蔽验收工作。

   Прошу своевременно участвовать в приемке скрытой работы.
2. 请及时签署隐蔽验收文件。

   Прошу своевременно подписать документы по приемке скрытой работы.
3. 钢筋间距符合要求。

   Шаг арматуры соответсвует требованиям.
4. 混凝土保护层符合要求。

   Защитный слой бетона соответствует требованиям.
5. 请及时答复澄清文件。

   Прошу своевременно отвечать на документы для разъяснения.
6. 请及时发出设计变更文件。

   Прошу своевременно отправить изменение проекта.
7. 在施工现场请注意个人安全。

   На площадке надо обращать внимание на свою безопасность.
8. 请佩戴好个人安全防护用品。

   Прошу иметь с собой все необходимые защитные средства безопастости.
9. 请在验收前认真阅读设计文件。

   Прошу до приемки внимательно читать проектный документ.
10. 请按时参加施工协调例会。

    Прошу своевременно участвовать в оперативке по координации строительных работ.
11. 预埋件质量较差。

    Качество закладных деталей - плохое.
12. 焊缝质量满足要求。

Качества сварного шва соответствует требованиям.

13. 现场已整改完成，请复检。

На площадке уже выполнили устранение замечания, прошу еще раз проверить.

14. 拉钩绑扎符合要求。

Обвязка шпилек соответствует требованиям.

15. 我们用车接送你。

Машина будет за Вами.

16. 这个有问题吗？

Это - вопрос?

17. 这是我们今天要验收的范围。

Это - наш объем приемки на сегодня.

18. 这些是检测报告和测量记录。

Вот отчет по тесту и акт замера.

19. 如果没有问题，请在这里签字。

Если нет вопросов, прошу здесь подписать.

20. 我们会按照您的意见尽快处理，到时再通知您。

Мы будем устранять по вашему замечанию, тогда вам сообщу.

21. 我不能同意您的观点，因为我们是按图纸要求做的。

Я не могу согласиться с Вами, мы делали имено по чертежу.

22. 我们明天再到现场来检查。

Мы завтра еще проверим.

23. 您真是一位负责任的专家，跟您合作非常愉快。

Вы настоящий, ответственный специалист, с Вами работать очень приятно.

24. 埋件安装的尺寸公差详见测量报告。

Допуски закладных деталей указаны в отчете замера.

25. 焊缝经无损检测，其结果合格。

Проводили неразрушающий контроль сварных швов, замечаний нет.

26. 已开启了不符合项报告，正在处理中。

Уже открыли отчет о несоответствии, сейчас устраняют.

27. 这是已关闭的不符合项报告。

Этот отчет о несоответствии уже закрыли.

28. 主泵电机的电流互感器在厂家都做过试验了吗？

Проводили или нет испытание трансформатора тока для ЭД ГЦН?

29. 俄罗斯的标准值是多少？

Какие цифры в российской норме?

30. 俄罗斯有没有这样的规范？

Есть ли в России подобные нормы?

31. 电气系统是否需要深埋接地网。

Необходимо ли подключить электрическую схему (систему) к заземляющей системе.

32. 电气系统已闭环接地网。

Уже замкнули электрическую систему с заземляющей сетью.

33. 请检查预埋件接地点的焊接质量。

Прошу проверить качество сварки заземления закладных деталей.

34. 请签署隐蔽验收记录。

Прошу подписать акт приемки скрытой работы.

35. 请准时参加现场见证活动。

Прошу во время участвовать в приемке на площадке.

36. 请检查现场施工记录。

Прошу проверить акт о выполнении работы на площадке.

37. 今天上午（下午，晚上）验收。

Сегодня до обеда (после обеда, вечером) будет приемка.

38. 上午 9 点（10 点，下午 2 点）开会。

В 9:00 (10:00,14:00) будет совещание.

39. 下午 3 点在现场见。

После обеда, в 3 часа, увидемся на площадке.

40. 图纸上有个问题需要您解释一下。

По чертежу есть вопрос, прошу Вас обьяснить.

41. 这个澄清什么时候发出？

Когда отправить это разъяснение?

42. 今天需要加班。

Сегодня будет сверхурочная работа.

43. 这段验收是否合格？

Как приемка по этому участку?

44. 我现在在工程建设一处电气安装科工作。

Я сейчас работаю в секторе по монтажу электрической части строительного отдела.

45. 我们主要负责电气设备的安装和单体调试工作。

Мы отвечаем за монтаж электирического оборудования и индивитуальные испытания.

46. 目前主要工作是3、4号机组的深层接地和闭环接地的监督工作。

Сейчас главная работа - это контроль за заземлюющими работами 3-го, 4-го блока.

47. 监督、检查、协调安装向调试移交活动。

Контроль, инспекция и коррдинация работ, передача из монтажа в пусконаладку.

48. 请您参加现场安装质量监督检查。

Прошу участвовать в инспекции качество монтажа.

49. 临边，请注意安全！

Осторожно, опасно!

50. 现在正在进行吊装作业，请勿通行！

Сейчас идет грузоподъемная работа, проходить нельзя!

51. 设备即将送电调试，小心触电！

Сейчас подача напряжения на оборудование для наладки, будьте осторожны!

52. 请参加系统文件审查并给出意见。

Прошу рассмотреть EESR и дать замечания.

53. 请参加实体移交现场联合检查活动。

Прошу участвовать в совместной проверке по передаче объекта.

54. 提出有关检查意见。

Прошу ваши замечания по проверке.

55. CNPE会组织解决的有关问题。

CNPE будет устранять связанные замечания.

56. 我们将协调保留项及尾项的实施。

Мы будем коррдинировать выполнение оставших и незавершенных работ.

57. 去现场请遵守安全规定。

На площадке надо соблюдать правила безопасности.

58. 去现场不允许喝酒。

    На площадке нельзя употреблять спиртные напитки.

59. 请提供正式设计变更。

    Прошу передать официальное изменение проекта.

60. 请今天 14:30 去 UKA08320 房间见证。

    Сегодня в 14:30, в UKA08320 посмотрим.

61. 如有问题请提出，没有问题请签字确认。

    Если есть вопрос, пожалуйста, если нет, прошу подписать.

62. 不符合项什么时候有处理结果，现场工程施工很急。

    Когда будут результаты по несоответствию, очень ждут на площадке.

63. 请将你们的审查意见正式信函发给 CNPE。

    По вашим замечаниям, прошу официально написать письмо CNPE.

64. 请提供你的依据。

    Прошу предоставить ваше основание.

65. 请今天下午 2 点到 806 会议室，我们一起讨论。

    Сегодня в 2 часа в помещении 806, вместе обсудим.

66. 去现场。

    На блок.

67. 有几个问题需要讨论。

    Есть некоторые вопросы, надо обсудить.

68. 需要等一会儿。

    Надо подождать.

69. 项目开工前需要进行先决条件检查。

    До начала работы надо проверить готовность.

70. 请及时审查×××焊接施工方案。

    Прошу проверить вариант по сварке ×××.

71. 请与我一同去现场见证消点。

    Пойдем на контрольную точку.

72. 请给出×××焊接施工指导意见。

    Прошу ваше мнение по сварке ×××.

73. 请检查焊接工艺是否符合要求。

    Прошу проверить технологию сварки.

74. 请及时反馈焊接材料到货信息。

Прошу своевременно сообщить информацию о поставке сварного материала.

75. 请及时跟踪处理焊接相关 NCR。

Прошу своевременно контролировать и устранить NCR, связанные со сваркой.

76. 请给出焊接缺陷处理方案。

Прошу дать решение по устранению дефекта сварки.

77. 请提供焊接工艺评定材料。

Прошу предоставить материалы по аттестации сварной технологии.

78. 请对热处理方案进行审查。

Прошу рассмотреть предложение по термообработке.

79. 请检查关闭质量计划。

Прошу проверить и закрыть план качества.

消防保卫
Направление пожаротушения и физизащиты

1. 请出示您的通行证！

   Пожалуйста, Ваш пропуск!

2. 厂区内车辆是限速的，请遵守规则！

   На станции скорость машины ограничена, надо соблюдать правила!

3. 您违反了电厂规定。

   Вы нарушили правила поведения на АЭС.

4. 请带着本人护照去办理通行证！

   Прошу оформить пропуск по своему паспорту!

5. 电站不允许使用他人的通行证件。

   На станции запрещено использование чужого пропуска.

6. 这项工作需要办理动火证。

   Для этой работы надо оформить огневой наряд.

7. 这些东西不允许带入(带出)现场。

   Эти вещи нельзя проносить（выносить） на площадку.

8. 您的证件没有授权，不能进入主控室（控制区）。

   Право вашего пропуска ограничено, на БЩУ (в зону строгого режима) нельзя.

9. 我们会陪同您去现场。

   Мы с Вами на блок.

10. 请打开您的包，需要检查一下。

    Откройте, пожалуйста, Вашу суммку, надо проверить.

11. 这项作业需要办理《消防系统隔离单》，防止消防系统误动作。

    По этой работе надо оформить лист локальзации системы пожаротушения, исключить ложное срабатывание системы пожаротушения.

12. 持续打开防火门需要办理《防火屏障打开许可证》。

Если необходимо постоянно открывать противопожарную дверь, то надо оформить допуск на открытие огеневой защиты.

13. 使用消防水需办理《消防水使用申请单》。

Если использовать воду пожаротушения, то надо оформить заявку по использованию воды пожаротушения.

14. 这里禁止吸烟。

Здесь курить нельзя.

15. 吸烟请到指定吸烟点。

Если курить, то в месте. отведенном для курения.

16. 请不要遮挡灭火器。

Нельзя закрывать огнетушители.

17. 请不要阻塞消防通道。

Нельзя загромождать проходы пожаротушения.

18. 请关闭防火门。

Прошу закрыть противопожарную дверь.

19. 可燃物必须清理。

Надо убрать горючие вещи.

20. 这是易燃品，应远离明火或高温。

Это горючее, надо отойти от открытого огня или высокой температуры.

21. 这项作业属于重大火灾爆炸风险作业，需提供安全技术方案。

Эта операция - важная пожароопасная и взрывоопасная операция, надо предоставить технические предложения по безопасности.

22. 动火作业需使用防火布围护，建立作业区，禁止火花飞溅。

По огневой работе надо применять огневую защиту, создать зону операции, предотвращатьвозникновение искры.

23. 请就近放置灭火器。

Прошу положить огнетушитель ближе.

24. 请不要坐在灭火器箱上。

Нельзя сидеть на ящике пожаротушения.

25. 这些孔洞需要防火封堵。

Надо глушить эти проемы для пожаротушения.

26. 请按疏散指示标志指向撤离厂房。

Прошу эвакуироваться из здания по сигналу эквакуации.

27. 请服从指挥。

Прошу слушать команду.

28. 请指定监火人。

Прошу назначить ответственного за пожаротушение.

29. 请不要携带打火机。

Нельзя брать с собой зажигалку.

30. 请跟我走。

Прошу за мной.

1. 车辆没问题，我们保证。

   По автобусам нет проблемы, мы обеспечим.

2. 用车需要打电话给车队调度。

   Если требуется машина, то надо звонить диспетчеру.

3. 请刷饭卡！

   Пожалуйста, карточка на обед!

4. 您的食堂在 1（2）楼。

   Ваша столовая на первом (втором) этаже.

5. 如果需要我们帮助，可以打电话联系！

   Если необходима наша помощь, звоните!

6. 吃住问题我们解决（你们自己解决）。

   Вопросы по питанию и проживанию мы решим (вы сами решайте).

7. 需要充多少钱？

   Сколько вкладываете на карточку?

8. 没有空闲房间。

   Нет свободной квартиры.

9. 这没什么问题的，不能更换。

   С этим нет проблемы, не надо менять.

10. 家具可以更换。

    Можно менять мебель.

11. 别担心，工人会来维修的。

    Не беспокойтесь, рабочие починят.

12. 没问题，我们来解决。

    Нет вопроса, мы решим.

13. 门锁需要更换。

    Надо менять замок.

14. 这个需要自己付钱。

    Это будет за свой счет.

附：电厂中外人员交流 最常用词汇
Самые употребляемые слова на АЭС

1. 这个 это
2. 那个 то
3. 好（好的） хорошо (хороший)
4. 不好（不好的） плохо (плохой)
5. 要（需要） надо
6. 不要 не надо
7. 是 да
8. 不是 нет
9. 同意 согласен (за)
10. 不同意 не согласен (против)
11. 大 большой
12. 小 маленький
13. 多 много
14. 少 мало
15. 可以 можно
16. 不可以 нельзя
17. 明白 понятно
18. 不明白 не понятно
19. 知道 знаю
20. 不知道 не знаю
21. 有 есть
22. 没有 нет
23. 怎么样 как

24. 去哪里　куда

25. 在哪里　где

26. 为什么　почему

27. 谁　кто

28. 我（我的）　я (мой)

29. 你（你的，你们的）　ты (твой, ваши)

30. 我们（我们的）　мы (наши)

31. 领导　начальник

32. 同志　товарищ

33. 朋友　друг

34. 办公室　офис

35. 家里　дома

36. 现场　площадка (на блоке)

37. 什么时间　когда

38. 昨天　вчера

39. 今天　сегодня

40. 明天　завтра

41. 你好　здравствуй (привет)

42. 谢谢　спасибо

43. 再见　до свидания (пока)

44. 好样的　молодец

45. 干活　работать

46. 休息　перерыв (пауза)

47. 吃饭　кушать

48. 水　вода

49. 酒　водка

50. 茶　чай

51. 咖啡　кофе

52. 忙　занят

53. 不忙　не занят (свободен)

54. 对不起　извини

55. 多少　сколько

56. 妻子　жена

57. 儿子　сын

58. 女儿　дочка

59. 报告　отчет (доложить)

60. 缺陷　дефект (замечание)

61. 问题　вопрос (проблема)

62. 处理　устранить (решить)

63. 做　делать

64. 不做　не делать

65. 开会　совещание

66. 解决　решить

67. 危险　опасно

68. 小心　осторожно

69. 抽烟　курить

70. 材料　материал

71. 工具　инструмент

72. 备件　ЗИП

73. 设备　оборудование

74. 管道　трубопровод

75. 阀门　арматура

76. 仪表　прибор

77. 泄漏　утечка

78. 振动　вибрация

79. 温度　температура

80. 流量　расход

81. 压力　давление

82. 安全　безопасность

83. 质量　качество

84. 工厂　завод

85. 设计院　институт

86. 打电话（电话）　звонить (телефон)

87. 信函　письмо

88. 写　писать

89. 规程　процедура (программа)

90. 正常　нормально

91. 不正常　не нормально

92. 相同的　одинаковый

93. 不同的　разный

94. 必须的　обязательный

95. 很　очень

96. 困难　трудно

97. 容易　легко

98. 工作　работа

99. 答复　ответ

100. 方案　решение (вариант, предложение)

101. 取消　аннулировать (удалить)

102. 通行证　пропуск

103. 测量　измерение (замер)

104. 考虑　подумать

105. 设计　проект

106. 制造　изготовление

107. 安装　монтаж

108. 调试　наладка

109. 运行　эксплуатация

110. 分析　анализ

111. 间隙　зазор

112. 措施　мера

113. 什么样的（哪些）　какие

114. 从来不　никогда

115. 没时间　некогда

116. 奇怪　странно (удивительно)

117. 迟了　поздно

118. 周末　выходной

119. 这样　так

120. 什么　что

121. 简单　просто

122. 分析　анализ

123. 给　дать

124. 值长　НСБ

125. 主控室　БЩУ

126. 结束了（所有的）　всё

127. 在这里　здесь

128. 在那里　там

129. 来这里　сюда

130. 吵（乱）　шумно

131. 算了　ладно

132. 一点点　чуть чуть

133. 开会　совещание

134. 图纸　чертеж

135. 忘记　забыл

136. 错误　ошибка

137. 找到　найти

138. 看见　видеть

139. 拿来　принести

140. 清理　очистить

141. 通知　сообщить